이어 쓰는 조경학개론

이어 쓰는
조경학개론

**이규목의 강의와
여덟 가지 조경 이야기**

초판 1쇄 펴낸날 2020년 1월 17일
초판 2쇄 펴낸날 2020년 11월 30일
지은이 이규목, 고정희, 김아연, 김한배, 서영애,
　　　　　오충현, 장혜정, 최정민, 홍윤순
엮은이 김연금
펴낸이 박명권
펴낸곳 도서출판 한숲 | **신고일** 2013년 11월 5일 | **신고번호** 제2014-000232호
주소 서울시 서초구 방배로 143, 2층
전화 02-521-4626 | **팩스** 02-521-4627 | **전자우편** klam@chol.com
편집 남기준, 김선욱 | **디자인** 팽선민
출력·인쇄 (주)금석커뮤니케이션스

ISBN 979-11-87511-18-2 93520

값 17,000원

이어 쓰는 조경학개론

이규목의 강의와
여덟 가지 조경 이야기

지음
이규목, 고정희, 김아연, 김한배, 서영애,
오충현, 장혜정, 최정민, 홍윤순

엮음
김연금

한숲

"
인간만이
어떤 문제가 발생했을 때
해결하는 방법을
끌어낼 수 있다.
"

조경학개론
이어 쓰기

이 책은 이규목 교수가 서울시립대학교의 명예교수로서 마지막으로 진행했던 2012년 가을 학기의 강의에서 시작되었다. 강의계획서는 강의의 목표를 다음과 같이 명시하고 있다. "조경학이라는 학문에 대한 안내 역할을 하는 내용으로, 단순한 소개보다는 주요 개념과 원리의 이해, 전문적 지식의 토대가 되는 기초학문과의 연계성 탐색, 조경문화로서의 철학적 성찰 등에 중점을 둔다." 이렇듯 이 강의는 '조경학개론'의 성격을 갖는다. 강의에서 다루었던 여덟 개의 주제는 그대로 이 책의 여덟 개의 장이 되었다. 현재 국내·외에서 왕성하게 연구 활동을 하고 계신 여덟 명의 저자들은 각각 여덟 가지의 주제에 맞추어 자신들만의 조경학개론을 써주었고, 그렇게 『이어 쓰는 조경학개론』이 완성되었다.

　비록 이 책은 2012년의 강의를 토대로 작성되었지만, 이규목 교수의 '조경학개론'은 그가 서울시립대학교에 부임한 1976년부터, 아니 조경이라는 분야를 접하고부터 시작되었다고 할 수 있다. 그리고 그 시기는 한국에서 조경이라는 근대적 학문과 업역의 씨앗이 우리나라 사회에 뿌려지던 때이기도 하다. 그러고 보면 이 책은 대한민국 조경과 함께 시작되었다고 할 수 있다. 여덟 명의 저자들 중 일부는 이규목 교수의 강의를 직접 듣기도 했지만, 그렇지 않은 이들도 있다. 하지만 편집을 맡은 나나 여덟 명의 저자는 이규목 교수와 그의 세대가 다진 담론의 토대 위에서, 자신들의 이야기를 만들고 있다. 이 책의 제목을 '이어 쓰는 조경학개론'이라고 지은 이유다.

개성 있고 깊이 있는 여덟 저자의 글을 읽으며 '이런 좋은 글을 읽는 첫 번째 독자'라는 뿌듯함을 가졌다. 이들의 글은 그 자체로 의미가 있지만, 이규목 교수의 글과 함께 병치되면서 더 큰 의미를 만든다. 여덟 글은 이규목 교수의 글과 평행하거나, 겹치거나, 엇갈리며 긴장 관계를 갖는다. 섬세한 독자라면, 글과 글 사이에서 인식의 발전, 담론의 변화 등 여러 변화를 읽어낼 수 있을 것이다. 이규목 교수는 영국의 정원 양식을 '풍경식 정원'이라고 표현했는데, 고정희 박사는 '풍경화식 정원'이라고 표현했다. 이러한 표현의 차이는 조경 분야에서의 담론 변화의 역사이기도 하다.

최선을 다해서 이규목 교수의 강의(말)를 글로 옮겼지만, 혹시 누가 되지 않았나하는 걱정이 앞선다. 번역이 그러하듯, 남의 글이나 말을 다시 나의 글로 옮기는 작업은 쫓고 쫓기는 추격전 같다. 나의 글이 원래의 '글'이나 '말'에 많이 다가갔다고 생각하고 잡으려고 손을 뻗는 순간 착각이었다는 것을 깨닫게 된다. 몇 년에 걸친 그 추격전이 다소 고되고 느린 성과 탓에 조바심도 났지만, 나의 언어를 다시 다듬은 기회이기도 했다.

여덟 분의 저자들은 본인들의 글도 주었지만, 정리한 강의록을 감수해 주셔서 오류를 최소화할 수 있었다. 여러모로 감사하다. 더불어 꼼꼼히 책을 다듬어 주시고 멋지게 꾸려주신 도서출판 한숲의 남기준 편집장, 김선욱 차장, 팽선민 차장에게도 감사의 마음을 더한다. 그리고 녹음된 강의 내용을 꼼꼼히 풀어주었던 박은혜 님과 허믿음 님에게도 감사의 마음을 전하고 싶다.

자신들의 '개론'을 써나가고 있는 많은 이들이 읽어주었으면 좋겠다. 그리고 훗날 또 다른 형태의 『이어 쓰는 조경학개론』이 나왔으면 좋겠다.

2020년 1월
엮은이 김연금

이규목·김한배

조경학원론

'조경'을 말하다

조경의 뿌리와 보람

이규목

'조경'을 말하다

조경이란?

조경학에 대한 정의는 시대와 장소, 여건에 따라서 계속 변해 왔습니다. 우선 영어부터 살펴보면, 'landscaping'이라는 말이 먼저 있었죠. '정원을 만들다'라는 뜻으로 이 'landscaping'을 사용했는데, 미국 하버드 대학교에서 조경학과의 명칭으로 'landscape architecture'를 비로소 처음 쓰기 시작했습니다. 때로는 조경을 'landscape plan'이라는 말로 표현하기도 하고, 이와 관련해 'landscape planning'을 쓰기도 합니다. 또 공학적 측면에서는 'landscape engineering'이라고도 하는데, 이를 다 뭉뚱그려서 우리나라에서는 '조경造景', 중국에선 '원림園林', 일본은 '조원造園'이라는 말을 씁니다.

　　우리나라에서는 과연 언제부터 이 '조경'이라는 말을 썼느냐? 이에 관한 학문적 연구가 많지는 않지만, 여러 자료를 살펴봤을 때 1960년대 중반부터이지 않나 싶습니다. 1965년 10월에 『원예와 조경』이라는 잡지의 창간호가 나온 적이 있어요. 그때 조경이라는 단어가 처음 사용된 것 같은데, 누가 어떤 이유로 이 단어를 처음 썼는지는 아직 밝혀지지 않았습니다. 우리나라에서 조경이라는 말이 공식적으로 사용되기 시작한 것은 1970년대 초반입니다. 당시 '압축 근대화' 사업으로 인해 국토 자연환경의 훼손에 대한 우려가 커졌고, 이에 국가는 그 대응 시책의 차원에서 조경을 도입했습니다. 1973~1974년 학부와 대학원에 조경학과가 만들어졌고, 그와 동시에 국가 공기업인 한국종합조경공사가 설립·운영되었죠. 이렇게 조경은 대략 50여 년 정도의 역사를 가지고 있습니다.

그런데 우리나라는 '조경'이라는 말이 인접한 분야 사람들과 합의를 이루어 확실히 공식화하였다기보다는 그 시대 상황에 따라 요구되는 역할을 받아들이면서 조금씩 바뀌어 갔고, 전반적으로는 그 의미가 점차 확장되고 있습니다. 최근에는 '공공디자인'이라는 말이 등장해서 조경과는 다른 마치 새로운 분야인 양 이야기하는데, 조경이라는 개념을 포괄적으로 들여다보면 그 안에 이미 공공디자인을 포함한다고 볼 수 있습니다. 한편, 생태학이라든가 산림풍경학처럼 새로 가지 쳐 나간 여러 분야가 조경과는 별개라고 하는 사람들도 많습니다. 또한, 건축하는 사람들은 우리가 조경이라는 우리말로 대체하고 있는 landscape architecture를 '경관 건축'이라고 번역해서 쓰기도 합니다. 즉, 조경과 인접한 외부 분야에서 볼 때조차 용어가 명확하게 정립되어 있지 않은 것 같습니다.

그럼에도 이 '조경'이라는 단어가 일본의 조원보다는 조경이 맡고 있는 영역을 더 잘 표현하는 단어인 것 같고, 또 중국에서 쓰는 원림이라는 말보다도 더 잘 만든 것 같습니다. 조원이나 원림에서 한자 '원園'을 살펴보면, 테두리 口 안에 여러 획이 있죠. '정원을 만든다'(조원)는 뜻이 들어 있는데, 둘러싸인 그 울타리 안에 무언가 만든다는 겁니다. 따라서 조원만으로는 조경의 개념이 잘 설명되지 않습니다. 일본의 어떤 학자는 "당신들(한국)이 잘 만든 것 같다. 조경이라는 말을 참 잘 만들었다"며, 자신들은 그런 말을 만들지 못하고 정원을 만든다는 개념만으로 전통적으로 써 온 조원을 그대로 가져다 썼다고 이야기합니다. 그래서 일본에서는 '산림풍경학'이라는 말이 유행하고 따로 쓰이기도 합니다. 그런데 이렇듯 '조경'이 상당히 잘 만들어진 말임에도, 요새는 오히려 그 위상이 다소 위축된 듯합니다.

우리나라에 조경이라는 학문이 막 정착할 무렵인 1974년 11월, 미국을 중심으로 온 세계 조경하는 사람들의 모임인 '미국조경가협회 American Society Landscape Architects: ASLA'에서 조경의 개념을 정의하였습니다. 바로 이때 내린 정의가 세계 조경계에서 금과옥조金科玉條처럼 받아들여지고 있습니다. 제가 읽어드리겠습니다.

"

토지를 보다 아름답고 경제적으로 조성하고
개발하는 데 필요한,
기술과 예술이 종합된 실천과학이다.

"

조경은 순수과학도 공학도 아니고 인문학이나 사회과학도 아니지만, 좋은 것은 다 해당됩니다. 그래서 '자판기'라고 비아냥거리는 사람도 있어요. 실천과학이라는 말도 애매하지요. 하지만 이것이 그 당시 정의였습니다. 그 후에 모틀로크John L. Motloch 교수도 새로 정의를 내렸고, 2003년 5월 캐나다에서 열린 세계조경가협회International Federation of Landscape Architects: IFLA 세계 총회에서도 다시 정의를 채택했습니다. 또한, 2009년 9월 인천에서 열린 세계조경가협회 아시아·태평양지역 총회의 기조연설에서는 '조경인이 해야 할 일이 무엇인가'에 대한 제언도 있었습니다.

기본적인 내용은 변하지 않지만, 시대적 요청에 따라 조경의 정의가 조금씩 수정됩니다. 모틀로크의 정의를 살펴보면 'profession'이라는 단어가 나옵니다. 전문 분야라는 뜻이에요. 'synergism'이라는 표현도 나오죠. 이 말은 과학과 예술이 단순히 결합하는 게 아니라, 서로 상승효과를 가져온다는 의미입니다. 토지를 보다 아름답게 한다는 개념 속에는 도시환경뿐만이 아니라 모든 물리적 환경을 포함합니다. 물리적 환경 속에는 야생 지역, 즉 도시가 아닌 지역도 포함하고 광범위한 지역을 포괄한다는 것이 명시되어 있습니다. 그의 정의 이후로 10여 년이 흘러 2003년에 채택된 정의에서는 계획과 설계 전문 분야뿐만 아니라 물리적 환경에 대한 일종의 관리, 지킴이 역할을 일컫는 'stewardship'이라는 말이 들어갑니다. 또한 'conservation', 즉 '보전'이라는 개념도 포함됩니다. 그러니까 조경에 '가꾸고 건강하게 유지해 나간다'는 개념이 들어간 거죠. 현재 심각한 문제 중의 하나가 기후 변화입니다. 기온이 상승하고 기후가 급격하게 변하여 여러 가지 자연재해 문제가 대두되면서 녹색 혁명이 논의되고 있습니다. '점차 커지는 환경 문제에 어떻게 대처할 것인가?', '급격히 진행되는 기후변화에 어떻게 대처할 것인가?'에 대한 관심사가 있습니다. 말하자면 조경이라는 것은 시대적 요청에 따라, 상황에 따라 범위가 넓어집니다.

   그리고 우리나라에서 조경이라는 말을 사용하기 전부터, 그러니까 근대 이전 전통사회에서도 조경 분야가 있었다고 할 수 있습니다. 정자, 사찰 정원, 개인 정원, 궁원 등 일종의 정원이라는 개념이 이미 존재했습니다. 즉, 우리나라 조경은 예부터의 전통적 양식을 포함하는 보다 포괄적인 영역으로 발전하고 있는 겁니다. 이렇듯 조경의 정의와 범위 및 역할이 세계적으로 확장해 가고 있지만, 환경에 대한 인식이 일천한 우리나라에서는 조경 분야의 독자적 영역이 미처 확립되지 않아

런던 리젠트 파크(Regent's Park) 내의 암석정원(rock garden).
이곳 정원에는 감상하기 좋은 초화류와 나무가 주로 식재되어 있다.

©이부귀

chapter 1 - 조경학원론

인접 분야와 영역 간 갈등이 지속되고 있습니다. 대표적으로 건축, 산림, 도시 분야는 협력이 긴요한 분야임에도 제도적으로나 공공사업 시행에 있어서 서로 간 영역 침범이 자주 일어납니다. 이는 조경의 기본 성격이 포괄적이고 범위가 유동적인 것에도 그 원인이 있을 것입니다.

이에 법 제도의 수립 등 다양한 방식의 대응이 필요한데, 우선 2013년 한국조경학회에서는 '한국조경헌장'을 자체적으로 제정해 공포하였습니다. 이 헌장은 조경계 내부와 외부를 동시에 대상으로 합니다. 조경의 정체성을 명확히 하여 내부적 인식을 결속하고, 외부적으로는 조경의 영역을 천명해서 조경과 인접 분야 간의 갈등을 미연에 해소하고자 한 겁니다. 이번 첫 번째 장의 내용이 조경의 전반적 윤곽을 소개하는 서론부인 만큼, 한국조경헌장의 배경과 내용을 관련지어서 이해하시면 좋을 것입니다.

런던 배터시 파크(Battersea Park)에서도 식물이 중요한 구성 요소이나,
이곳 잔디밭은 주변 감상보다는 다양한 활동의 장소로 이용된다.

전문 분야로서의 조경

경관, 환경, 장소

전문 분야로서의 조경을 본격적으로 논하기 전, 몇 가지 중요한 기초 개념을 짚고 넘어가겠습니다. 이를 이해해야 이후의 이야기를 듣는 게 좀 편할 거예요. 혼동하기 쉬운 개념으로 공간, 경관, 환경, 장소라는 말이 있어요. 서로 어떻게 다른지 설명하겠습니다. 여러 경우에 이 말들이 쓰입니다. 가령 '○○ 공간 환경 연구소'라고 간혹 보이고, '도시 공간' 또는 '도시 환경'이라는 표현도 하죠. 다 다른 맥락으로 쓰이는데, 이는 우리 머릿속에서 혼란을 일으킵니다.

간단하게 이야기하자면, 이 '공간'이라는 것은 추상적인 개념입니다. 태초의 우주 공간같이 공간은 비어 있습니다. 그런데 인간이 있고 그 인간을 둘러싸면 '인간 환경'이 됩니다. 반면에 인간 이외의 다른 생물을 감싸고 있으면 '생태 환경'이나 '자연 환경'이 되죠. 그래서 환경이라는 것은 빈 공간 속에 어떤 생명체가 들어가고 공간이 그 생명체를 둘러싸게 될 때, '환경'이라고 합니다.

'경관'이라는 것은 인간이 본다는 것에 방점이 찍힙니다. 인간이 체험하는 환경, 그중에서 눈으로 보는 환경이나 눈에 보이는 환경이 바로 경관입니다.

'장소'는 쉽게 이야기하면 이름이 있는 곳이죠. 예를 들어, 독도는 독특한 의미를 가지고 있죠. 대학로도 이름이 있습니다. 명소라는 이야기죠. 또 '남대문시장' 하면 여러 가지 이미지가 떠오릅니다. 이처럼 장소는 경관과 환경, 공간이라는 복합적인 의미를 지닙니다. 즉 현상학적 개념입니다.

다른 '환경설계' 관련 분야와의 구분

대학에는 헤어스타일을 다루는 과도 있고, 전문 분야가 다양하며 전문가도 많습니다. 제일 비상한 분야로는 총잡이·칼잡이를 양성하는 곳도 있죠. 이런 것들 중의 하나로 조경이 있습니다. 주변 분야와 구분하자면 건축이 조경과 가장 가깝습니다. 조경은 계획과 설계, 또 공학을 다루는 종합적 실천과학입니다. 건축도 계획과 설계, 공학을 다룹니다. 조경이 자연을 다루는 대신에 건축은 인공물, 즉 건물을 다룹니다. 조경이 외부 공간만을 다루는 반면, 건축은 내부 공간과 내부·외부가 만나는 껍데기를 함께 다룬다는 데 그 차이가 있습니다. 조경은 건물을 외부 경관의 요소로서 보지만, 건축은 그 건물이 기능한다는 측면에서 내부 공간과 건물의 외관을 다룹니다. 토목에서는 계획적 측면이 일부 빠지면서 공학적 측면이 한층 강조되죠. 예술과 기술이 종합된 실천과학이라고 할 때, 토목은 예술적 측면이 다소 약합니다. 물론, 교량이나 이런 것들은 독특한 예술성도 있기는 합니다만, 아무래도 예술성보다는 공학이 중요시됩니다. 환경공학도 마찬가지로 공학이 그 중심을 이룹니다.

조경가의 네 가지 능력

전문가로서의 조경가는 어떤 능력이 있어야 할까요? 네 가지 능력이 있어야 합니다. 우선 첫 번째는 전문적 지식입니다. 그런데 전문성만 있으면 뭐 하겠습니까? 써먹을 수 있어야죠. 그래서 두 번째는 응용할 줄 아는 능력입니다. 그리고 세 번째는 그것을 어떻게 써야 제대로 쓰이는지 이해할 수 있어야 합니다.

마지막 네 번째로, 무엇보다도 제일 중요한 것이 바로 '봉사 정신'입니다. 내가 하는 일이 나를 위한 것이 아니고 누군가를 위한다는 봉사 정신이 없이 이기심만으로는 이 직업을 할 수 없습니다.

이 네 가지 중에서 전문적인 지식을 좀 더 자세히 설명하겠습니다. 가장 중요하니까요. 눈에 보이는 물리적 환경을 다루는 분야인 건축, 토목, 도시계획, 환경공학과 조경이 다른 점은 과연 무엇일까요? 어떤 전문적 지식을 가져야 할까요? 먼저, 조경은 자연물을 다룬다는 게 다릅니다. 자연에는 죽은 것도 있고, 살아 있는 것도 있습니다. 죽은 자연이라는 것은 지형이라든가 바윗덩어리라든가 시냇물이라든가, 그런 겁니다. 살아 있는 자연은 여기에 서식하는 식물, 동물 등이 되겠지요. 이들 자연물을 볼 줄 알고 관리할 줄 알아야 합니다. 영어로 'stewardship'이라고 이야기하듯이 파수꾼 같은 역할을 하는 거죠. 자연을 지켜주는 분야는 조경밖에 없습니다. 다른 분야 사람들이 대개 환경을 개발하고 이용하고 뜯어고치는 데 관심이 많다고 한다면, 조경 분야의 사람들은 보전할 것은 보전하고 지킬 것은 지키면서 환경이 숨통을 틀 수 있도록 해주는 유일한 분야입니다. 또 나무의 생리적 특성 같은 지식을 공부하는 유일한 분야입니다.

조경가가 하는 일과 태도

조경가가 하는 일은 아주 광범위합니다. '도시나 지역이 미래에 어떻게 발전하면 좋겠는가'와 같이 넓은 범위의 계획 분야부터, '주거단지를 개발하는 데 있어서 조경을 어떻게 할 것인가'에 대한 단지계획 및 설계, 조성에 이르기까지 조경가는 폭넓게 관여합니다. 또 최종적으로는 벤치를 어떤 모양으로 둘지, 쓰레기통은 어떻게 만들며, 조명을 어떻게 할 것인가에 대한 구체적 디자인 요소까지 그 업무 범위가 굉장히 넓습니다.

이러한 일을 하는 조경가가 전문가로서 가져야 하는 태도는 크게 두 가지로 나뉩니다. 하나는 '무조건 돈 주는 사람이 시키는 대로 한다', 다른 하나는 '당신이 그런 식으로 이 지역을 개발하는 데 동조하지 않겠다'입니다. 후자는 자기 가치관을 지키면서 일을 하는 거죠. 영어로는 'value-laden'이라고 합니다. 반면에 전자는 영어로 'value-free', 시키는 일은 다 한다는 뜻입니다. 예전에 발전이 덜 된 시절에 비해 도시가 급격히 팽창했습니다. 성남시 분당도 그런 경우 중 하나죠. 폭발적으로 도시가 생겨납니다. 그런데 도시계획가, 조경가 같은 전문가들이 기본 방향과 설계에 대해 미처 제동을 걸지 못했습니다. 개발 지상주의자들이 밀어붙이는 대로 계획하고 설계도 해주었습니다. 즉 'value-free'죠. 도시가 팽창하니 환경도 많이 나빠졌습니다. 사람이 살기 힘든 환경이 되는 것을 이렇게 그저 지켜보고만 있을 수도 있습니다.

또 다른 논쟁거리 중의 하나가 4대강 유역 개발입니다. 개발하는 것이 좋은지의 여부에 대한 상당한 논의가 있었습니다. 개발하지 않는 게 좋다고 생각하지만, 설계사무소를 운영하는 입장에서는 계획 요청이 들어오면 해야 할 수도 있습니다. 딜레마에 많이 빠지게 됩니다. 그러면 어떤 것이 정답일까요? 'value-free'가 좋은가? 혹은 'value-laden'이 좋은가? 어디에 가치를 두어야 할까요? 돈 주는 사람한테 두느냐, 아니면 그걸 최종적으로 이용하는 사람한테 두느냐. 생태적 환경의 보존에 두느냐, 아니면 사람의 이용에 두느냐. 여러 가지 선택지가 있는데 어떤 것을 선정하느냐는 중요합니다.

말하자면 계획가로서의 윤리가 필요한 거죠. 오로지 돈 주는 사람이 시키는 대로만 하는 것도 문제지만, 자기 고집만 내세워도 문제 될 수 있습니다. 왜냐하면 자신만의 전문적 시각으로 현 사회에서 일해야 하는데, 못하겠다고만 하면 생활 자체가 어려울 수 있습니다. 적절한 선에서 균형을 맞추어야 합니다. 직업윤리 강령을 사회적으로 정해 놓을 수도 있어요. 사회적 협약이죠. 예를 들면, '조경가는 우리 자연자원을 경제사회 체제의 상호작용 속에서 자신이 가진 모든 지식을 동원해서 보전 및 보호해야 한다'고 할 수 있습니다. 이에 관한 골격 내용이 앞서 언급한 '한국조경헌장'에 잘 나와 있으니 참고 바랍니다.

　　앞에서도 말했지만, 조경이 물리적인 환경을 다루는 건축, 토목, 도시계획이나 도시설계 같은 분야와는 다른 점 가운데 하나가 '조경은 자연과 살아 있는 재료를 다루는 학문'이라는 겁니다. 또 환경을 지켜야 한다는 소명 의식, 그리고 파수꾼 역할을 해야 한다는 전문 분야로서의 자긍심을 갖고 여러 분야의 사람들과 협동 작업을 한다는 점입니다. '환경을 지킨다' 내지는 '나빠지는 환경 개선에 도움이 되는 방향을 모색한다'는 것이 소위 전문 분야로서, 전문가로서 직업적 자긍심을 가질 수 있는 길입니다.

조경가의 직무, 그리고 사회 진출 분야

조경가의 직무는 크게 네 가지로 대별할 수 있습니다. 조경계획가landscape planner, 조경설계가landscape designer, 조경기술자landscape engineer 및 조경원예가landscape horticulturalist입니다. 여기서 계획가와 설계가는 합칠 수 있습니다.

　　계획가는 광범위한 차원을 다룹니다. 범위가 넓을뿐더러 주제도 명확하지 않습니다. 이 도시에 공원을 몇 군데 두고 어디다 넣으면 되는지 등, 개략적인 것을 이야기할 때 '계획가'라는 말을 보통 씁니다. 계획가가 설계가도 겸비할 수 있지만, 그건 조경가의 성향에 따라 다릅니다. 어떤 조경가는 계획 측면에 강하죠. '제너럴리스트generalist' 같은 점이 있습니다. 반면에 설계가와 기술자는 '스페셜리스트specialist'라고 합니다. 어느 특정 분야에 종사한다는 거죠. 계획의 윤곽이 어느 정도 드러나면, 구체적인 설계에 들어갑니다. 어떻게 보면 설계가가 가장 중심이 되는 영역입니다. 설계가가 제너럴리스트로서 다 할 수 있는 사람인 것 같지만, 특정 분야에 해박한 지식을 가진 사람이 많습니다. 예를 들어 골프장 설계가라고 하면, 골프장에 관해서는 전문가겠죠. 놀이터를 특히 잘하는 사람도 있습니다. 이들을 가리켜 스페셜리스트라고 합니다.

일의 순서로 보면, 설계의 중심에 디자인이 있고 그다음 엔지니어링이 따라옵니다. 시공이 가능해야 하기 때문입니다. 기술자는 바닥 포장이나 구조물 등, 최근 우리나라에서 관심을 쏟는 벽면 녹화 같은 것을 다루죠. 조경 분야에서 독특한 것 중의 하나가 수목처럼 살아 있는 재료를 가꿔서 공급해 주는 분야가 있다는 겁니다. 마치 벽돌 공장에서 벽돌을 공급하듯이, 식물을 일정한 규격으로 키워서 공급하는 일을 하죠. 이 외에도 조경가 중에는 저처럼 연구자도 있습니다.

실무 분야에는 크게 두 종류의 구조가 있습니다. 하나는 일을 주는 입장, 다른 하나는 일을 받는 입장인 겁니다. '갑'과 '을'이라는 표현을 쓰기도 하죠. 일을 주는 입장이란, 어떤 프로젝트를 발주하고 관리하는 기관에 속한 전문가로서 이러한 일을 대행해 주는 역할을 합니다. 주로 국가 지방자치단체의 공무원이거나 한국토지주택공사LH 등의 정부 산하단체, 아니면 서울시 서울주택도시공사SH 등 공기업 소속 전문직들입니다. 일을 받는 입장으로는 실무 분야에서 크게 설계업과 시공업이 있습니다. 요즘은 준공 후의 시설이나 식물 등 물리적 부분뿐만 아니라, 이용 단계에서 이용자 관리까지 다루는 포괄적 조경관리업에 대한 수요가 점차 증가하고 있습니다.

일을 받는 입장이 진짜 전문가입니다. 요새 3D 산업이라고 해서 잘 가지 않는 분위기인데, 사실은 설계할 줄 안다는 게 바로 전문가라는 겁니다. 손바닥만 한 땅도 설계할 줄 모르면 전문가라 할 수 없는 거죠. 설계는 모든 것의 종합이니까요. 설계하는 행위만큼 자기의 창조력을 발전시키고, 자신의 능력을 향상하게 하는 분야는 없습니다. 그런 훈련을 하는 것이 설계 분야입니다. 각자 개인적인 능력과 가치판단 및 이 사회가 필요로 하는 인자가 결합해서, 계획이나 컨설팅을 하는 넓은 차원에서부터 아주 구체적이고 세부적인 설계 분야에 이르기까지, 여러 가지 영역 가운데 어딘가에 자신이 처해 있게 됩니다. 조경에 있어서 사회 진출 분야란 자기의 개인적 능력과 사회적 요구가 결합하여 결정되는 겁니다. 자신이 나아갈 방향은 그렇게 결정이 됩니다.

조경의 대상

조경의 대상을 한마디로 정의하면, 문밖을 나서서부터 그러니까 실내 공간을 나서자마자 만나게 되는 모든 공간입니다. 유형별로 분류하면 여러 가지가 있습니다. 계속 발전해 나가기도 하고요. 항목을 구분해 보면 범위가 넓은 것도 있고, 좁은 것도 있습니다. 건축 분야에서 대표적인 설계 대상이 주택이듯이, 조경에서는 정원입니다. 애초에 정원에서부터 시작했습니다. 정원이라는 것이 주택에만 있는 것은 아니고, 모든 공원 안의 세부 공간에도 있습니다. 병원이나 학교에도 정원이 있죠. 쉽게 이야기하자면 울타리로 둘러싸인, 그러니까 경계를 지어놓고 그 안에 꽃과 나무, 물 같은 요소들을 배치하는 게 정원입니다. 소쇄원 같은 정원이 우리나라에도 많이 있습니다. 그런데 정원은 사적인 영역일 가능성이 높아요. 그러다 보니 소유주인 개인의 취향이 많이 반영되고, 주로 식물들이 중심이 됩니다. 보통 정원에서 테니스를 하진 않죠. 주로 감상의 대상이 됩니다.

그런데 '도시공원'이라는 것이 생겼죠. 대략 산업혁명 이후, 그러니까 1800년대 이후에 현대적 개념의 도시, 팽창된 도시가 형성되면서 생겼기 때문에 도시공원이라고 합니다. 정원에 여러 유형의 사람들이 거닐 수 있는 산책로와 더불어 다양한 시설을 도입한 복합된 공적 공간이 바로 도시공원입니다. 도시구역 안에 있으면 도시공원이고, 도시구역 바깥에 있으면 자연공원입니다. 자연공원의 대표적인 것이 우리나라 22곳의 국립공원입니다.

또 다른 조경의 대상으로 레크리에이션 시설이 있는데, 우리가 주목해야 할 분야입니다. 레크리에이션 시설이란 말이 우리말에는 없습니다. 우리나라 말엔 없는 레크리에이션 시설을 아주 간단하게 한마디로 정리하면, 여가에 쓰이는 옥외 시설입니다. 그럼 '여가'란 무엇일까요? 전문적으로 이야기하자면, 여가는 먹고 자는 시간과 일하는 시간 이외의 모든 시간을 말합니다.

인간의 생활을 세 가지 그룹으로 나눌 수 있습니다. 하나는 먹고 자는 겁니다. 에너지를 축적하기 위해서죠. 그다음은 일하는 겁니다. 즉 노동입니다. '노동' 그러면 좀 재미가 없지만, 저도 지금 노동을 하고 있고, 여러분도 공부라는 노동을 하고 있죠. 육체노동도 있고 정신노동도 있습니다. 그런데 사람들이 노동만 하며 살지는 않습니다. 남는 시간이 또 있고, 그 시간에는 다른 생활을 해야 합니다. 그렇지 않으면 인간이라고 할 수 없습니다. 주말도 있고, 주중에도 노동 시간이 끝나면 자기 전까지 하는 일이 많습니다. 여가에 실내에서 고스톱을 칠 수 있고, 텔레비전을 볼 수도 있으며, 영화도 감상할 수 있어요. 실외에서도 다양하게 활동할 수 있겠죠.

조경은 여가에 사용하는 실외 공간을 다룹니다. 제일 대표적인 것이 테니스장이나 축구장, 야구장 같은 운동시설입니다. 또 요새 성인들 사이에 유행하는 골프나 수영을 위한 공간도 있고요. 이들을 '동적active 레크리에이션 공간'이라고 합니다. 반면에 자연관찰이나 조망, 휴게 공간은 '정적passive 레크리에이션 공간'으로 구분하기도 합니다. 또 일정 공간에 여러 종류의 상상적인 레크리에이션 시설들을 모아 두고 레크리에이션을 즐기게 할 수도 있지요. 이런 공간을 '테마파크'라고 부릅니다. 주제공원이라 그러기도 하고요. 대부분 민간 대기업에서 운영하는 곳들입니다. 대표적인 테마파크가 용인 에버랜드인데, 놀이

기구나 사파리, 정원 등 다양한 시설이 있죠. 종합적인 시공에서, 건축물과 기타 토목공사 뺀 상당 부분을 바로 조경이 담당합니다.

더 나아가서 종합적인 여가관광시설로는 리조트가 있습니다. 우리나라에는 현재 무주리조트, 용평리조트가 있고, 동계 올림픽이 열린 평창리조트도 있습니다. 거기에 가면 골프장도 있고 스키장도 있습니다. 리조트는 그런 시설들과 더불어 사람이 머무는 숙박시설도 마련해 놓은 종합휴양시설입니다. 레크리에이션 시설은 우리가 담당하는 분야지만, 우리 외에도 많은 전문가들이 참여합니다. 토목, 건축 그리고 사업 타당성을 조사하는 경제 전문가 및 생태 전문가 등 몇십 개 그룹 정도의 전문가들이 참여하는데, 조경 분야에서는 이들을 종합적으로 관리할 능력을 갖추고 있어야 합니다. 그렇지 않으면 자연도 파괴되고 이용상 여러 가지 문제가 생길 수 있습니다.

이 외에도 산업시설과 사적지도 조경의 대상입니다. 요새 문화재 유형의 하나인 명승의 인기가 높습니다. 남해 가천마을의 다랑논, 층층논이 명승의 대열에 들어섰습니다. 옛날에는 오래된 기와집이나 서원·절 같은 곳들이 주로 명승이 되었는데, 이제는 인공 자연경관 가운데 특징적인 곳이 명승으로 지정되기 시작했습니다. 아마 독도도 명승이 될 가능성이 있습니다. 이러한 공간을 대상으로 하는 자원 조사, 평가, 이용 공간 조성 및 관리 등은 조경과 관련이 깊습니다.

최근 우리가 관심을 두어야 할 대상에는 자전거도로도 있죠. 자전거를 타는 행위 자체가 레크리에이션인 경우가 많습니다. 그러니까 자전거도로는 레크리에이션 시설이라 할 수 있습니다. 또 근래에 들어 올레길·둘레길 붐이 일었죠. 걷기도 여가를 활용하는 가장 중요한 활동으로서 우리의 대상 영역으로 볼 수 있습니다. 교통시설 중에는 배리어프리barrier free인 '에코로드eco-road'라는 것도 있습니다. '배리어프리'란 도시 내 보행 공간에는 장벽이 없어야 한다는 겁니다. 쉽게 말하자면, 바퀴 달린 보행 보조용 장치들이 잘 다닐 수 있도록 해야 한다는 겁니다. 이러한 장치가 필요한 사람들은 첫째가 장애자, 둘째 유모차, 셋째는 짐을 들고 다니는 사람이지요. 즉, 이런 사람들이 장애 없이 어디든 다닐 수 있게 만들어 놓은 길입니다. 자동찻길이 토목 기술과 관련이 깊은 데 반하여, 자전거도로·보행로처럼 인간이 직접 즐기는 길은 조경의 확장된 영역으로 볼 수 있습니다.

레크리에이션 시설물뿐만 아니라, 공원 같은 녹지·녹화시설도 중요한 조경 대상이 됩니다. 이는 녹지에 대한 풍부한 지식과 경험, 녹화 기술을 전제로 하는 것이지요. 조경 문화유산 중에도 계류나 연못 등의 배수 계통은 그 자체가 경관 요소로서 역할을 해 왔습니다. 그런데 서울 대부분의 땅바닥은 불투수 포장재로 물이 잘 스며들지 않아요. 또 아파트 단지에서 건물이 서 있는 그 밑바닥은 콘크리트일 뿐만 아니라, 건물과 건물 사이의 공간은 지하 2~3층에 있는 주차장의 슬래브 상부입니다. 그래서 비만 오면 물이 그냥 빠질 데가 없어서 도시 지역에서는 대홍수가 나곤 합니다. 이런 문제들을 어떻게 처리할 것인가가 관건입니다.

옥상이나 인공 지반이나 비슷한 개념이에요. 땅바닥에 물이 스미지 않는 공간입니다. 이제 서울시 조례뿐만 아니라 공원녹지 관련 법규에서도 일정 비율 이상으로 자연스레 빗물이 땅에 스미게 두어서, 지하수도 차고 홍수도 방지하도록 규정합니다. 투수 포장재도 개발되긴 했지만 완벽하지는 않지요. 선진국에서는 도시 강우 처리가 조경의 중요 영역을 이루고 있습니다. 이는 빗물의 배수와 저장이 모두 외부 공간에서 이루어지기 때문입니다. 주요 기법으로는 차도-인도 사이에 빗물이 스며들 녹지 공간을 두고 이를 지하수로 유입시키든지, 아니면 지하 유수지에 빗물을 모아서 녹지 관수용과 청소용 등으로 재활용하는 기법이 보편화되고 있습니다. 미국의 경우에는 국가 전체의 '그린 인프라

계획Green Infrastructure Plan'에 근거하여 이를 실행하고 있습니다.

한편, 시공 측면에서 지금 우리 조경 분야를 살찌우는 것 중 하나는 벽면 녹화를 포함한 건축물과 토목 구조물의 적극적인 녹화 사업입니다. 특히 벽면 녹화는 건물 전체를 대상으로 합니다. 또 근래에는 도시농업도 있습니다. 도시농업과 관련해서 수직 농장도 우리의 관심 대상이 됩니다. 물론, 기술적인 면에서 다른 분야와 협조를 많이 해야겠지요.

여러분은 과연 어떤 것이 미래 시점에서 조경의 대상이 될 수 있을지 항상 관심을 두고 지켜보아야 합니다. 스페인 바르셀로나 올림픽 때 우리의 마라토너 황영조가 금메달을 딴 몬주익, 그 몬주익 올림픽 스타디움의 총괄 마스터 플래너가 바로 조경가였습니다. 그리고 우리나라 세종시 정부세종청사 단지의 총괄 마스터 플래너도 미국의 조경가인 다이애나 발모리Diana Balmori(1932~2006)였습니다. 그런 건축, 토목을 포함하는 복합 공간도 우리 조경 분야가 할 수 있습니다. 그 사람이 유능하다는 전제하에서 말입니다.

조경 공간의 구성 요소:
조경은 살아 있는 재료를 다룬다

조경 공간을 구성하는 요소에는 자연적 요소, 식물 재료, 그리고 인공 구조물이 있습니다. 다른 분야와 차이점은 자연적 요소와 식물 재료를 다룬다는 것이지요. 지형이나 바위, 물과 같이 살아 있진 않아도 자연적인 요소들은 전부 조경의 대상이 됩니다. 식물 재료는 교목과 관목으로 나뉘며, 다시 교목은 상록교목과 낙엽교목으로 분류합니다. 또한, 관목도 낙엽관목과 상록관목으로 구분이 됩니다. 그 외로는 지피류가 있습니다.

'살아 있다'는 것은 두 가지 뜻이 있어요. 첫 번째는 자란다는 겁니다. 초기에 심었던 조그마한 나무가 자라서 성목이 되죠. 보통 15년 이상 됐을 때를 성목이라고 해요. 교목에서는 수관 폭이 6m 정도 이상 자랐을 때 나무 모양을 갖추었다고 합니다. 아파트 단지 건물이 낡을 때 즈음, 재건축할 때쯤 되면 거기 나무들이 굉장히 무성하게 자라나 멋진 단지로 되는 모습을 서울 시내에서도 종종 볼 수 있어요. 두 번째로는, 살아 있는 재료이기 때문에 토양이나 기후 등 특별한 조건이 필요하다는 겁니다. 식물의 요구 조건을 제대로 파악해 반영하지 않으면 그 재료는 머지않아 시들게 됩니다. 그 나무의 미적인 성질도 알아야 하지만, 생리적인 성질도 잘 알고 있어야 합니다. 어떤 곳에서 잘 자라고 어디서 그러지 못한지를 알아야지요. 소나무는 햇빛이 잘 들어야 잘 살고, 잣나무 같은 것은 음지에서도 잘 자랍니다.

살아 있기 때문에 심는 시기가 따로 정해져 있습니다. 나무 성장이 활발한 여름이나, 반대로 성장이 정지된 겨울에 심으면 그 나무는 죽게 됩니다. 또 심는데도 특별한 기술을 요구합니다. 어떤 나무는 줄기 가까운 데 잔뿌리가 많이 나서 옮기기 쉽지만, 소나무나 느티나무 같은 것들은 깊은 곳에 뿌리가 있는 심근성이라 이식할 때 뿌리를 큰 분으로 유지해서 옮겨야지, 그렇지 않으면 금방 죽어버립니다. 옮겨 심을 때도 분을 뜨는 기술이 필요합니다. 또한 공사 후 유지관리도 특별해서, 상당 기간 아침저녁으로 물을 주고 주의 깊게 관리해야 잘 살 수 있습니다. 벽돌은 쌓아놓고 그저 방치해도 되지만, 살아 있는 나무는 그냥 내버려 두면 죽습니다. 게다가 거름도 알맞게 주어야 하고, 잡초도 뽑아야 하죠. 비료를 얼마만큼 주어야 하는지도 알고 있어야 합니다. 그런 기술적 요구를 전부 파악하지 않으면, 조경가는 어디 가서도 대우받지 못합니다.

조경가로서 16가지 자질

원론적인 이야기는 끝났습니다. 마지막으로, 여러분 스스로 '내가 이 분야에서 과연 활동해도 좋은가?'를 테스트해 보도록 하겠습니다. 앞에서 조경가의 네 가지 능력을 이야기했었죠? 전문 지식이 있어야 하고, 응용할 줄도 알아야 하며, 여러 상황과 사람에 대한 이해가 따라야 합니다. 끝으로 봉사 정신이 있어야 한다고 했습니다. 이번에는 총 16가지 항목으로 자질 테스트를 해 보겠습니다. 세 개의 선택지가 있습니다. 네 / 아니오 / 잘 모르겠어요, 이 세 가지 가운데 하나를 선택해서 점수를 내도록 하겠습니다. 결과는 나중에 이야기하죠.

다음의 조건들 가운데 75%, 그러니까 총 16가지 중에서 12가지가 'ok'라면 아주 우수한 조경가가 될 수 있습니다.

1. 외부 공간에 대한 흥미 정도입니다. 외부 공간에 관심이 있고 흥미를 느끼는지에 관한 것입니다.
2. 스케치나 제도 같은 실용적인 도면 그림drafting에 대한 흥미와 숙련도입니다. 아직 여러분들의 숙련도는 아마도 떨어지겠지요.
3. 미술, 조각에 대한 흥미 정도입니다. 세 가지 중 하나를 선택해 보세요.
4. 주제를 바꿔 질문하겠습니다. 식물, 수학, 지리, 역사, 사회학 같은 기초 학문에 대한 흥미 정도입니다.
5. 쓰기와 말하기의 숙련도입니다. 쉽게 말하자면, 말을 잘해야 합니다. 글쓰기도 물론 잘해야 합니다.
6. 독서량입니다.
7. 신뢰도입니다. 즉 '타인이 나를 믿는다고 생각하는가?'에 대한 것, '내 모든 행동이 다른 사람에게 신뢰를 주는가?'입니다.

8. 제일 어려운 것 중의 하나로 결정 능력입니다. 필요할 때 의사 결정을 해야 하는데, 결정하지 못하면 힘듭니다.

9. 독립심입니다.

10. 다른 사람 의견에 대한 존경심입니다. 남의 의견을 얼마나 존중하느냐에 대한 겁니다. 잘 들어 주어야 한다는 거죠. 요즘 시민 참여가 중요해지고 있는데, 남 이야기를 들을 줄 알아야 합니다. 이는 보통 능력이 아니에요. 아집이 많으면 잘 안 들립니다.

11. 다른 사람과 일하는 것을 좋아하는지에 대한 겁니다. 남들과 일하는 걸 싫어하지 않는 게 좋은 거예요. 왜냐하면, 이 분야는 조경 말고도 다른 여러 분야와 함께 일해야 하기 때문입니다.

12. 나중에 지위가 올라가면 사람을 다루는 데 있어서 정당성과 신중성이 필요합니다. 사회적으로 지위가 올라갔을 때 필요한 항목이죠.

13. 자기 노력에 대한 신념입니다. '나는 내 가치관을 따르고 있으니, 이렇게 행동하는 것이 옳다!'라는 자기 신뢰가 굳어야 다른 사람도 믿습니다.

14. 문제 해결의 논리성입니다. 이 조경이라는 것이 한편으로는 창의성을 요구하지요. 창작하는 사람으로서 창의성과 예술적 소양이 깊어야 하지만, 그와 더불어 다른 사람들이 이용하고 즐거움을 느껴야 하므로 논리적 합리성도 지녀야 합니다.

15. 여러분들이 실무에 나가서 사람들을 만났을 때의 이야기인데, 대중의 요구, 니즈needs라고 그러죠? 대중의 요구에 얼마만큼 민감한가도 중요한 요소입니다.

16. 예술적 욕망에 대한 민감도입니다. 결국 조경은 창조입니다. 우리가 왜 선유도공원이나 서서울호수공원을 높이 평가할까요? 남들이 하지 않았던, 어떤 새로운 공간을 제시했기 때문에 그렇습니다. 예술적 욕망에 민감해야 합니다.

김한배

조경의 뿌리와 보람

조경의 뿌리

요즘은 모르겠지만, 필자의 청소년기 학창 시절에는 봄가을로 '소풍'이라는 것이 있어서 서울의 경우 시내의 고궁 원림이나 교외의 왕릉 또는 명승지에 단체로 하루씩 다녀오곤 했다. 그때는 며칠 전부터 마음이 들떴고, 당일 날은 세상에 없는 천국에 간 것 같은 행복감을 만끽했다. 젊은 날에도 마음에 맞는 친구들이나 이성을 만날 때면 경치가 좋은 공원이나 도시에서 가까운 산과 강을 찾아서 우정과 애정을 키워나갔던 기억이 있다. 그때는 요즘 같은 카페나 소위 핫 플레이스가 드물었다.

위와 같은 추억들은 우리 모두가 여유가 된다면 일상의 시공을 떠나 꿈의 장소, 자연의 장소, 아름다운 이상향을 찾아가려는 본능적 욕구를 보여주는 것일 게다. 농경과 더불어 문명시대를 열면서부터 인류는 삶의 행복을 위해서 정착지와 그 주변에 지속적으로 생산적이고도 아름다운 이상향을 가꾸어 왔다. 사람들은 이곳들을 정원이나 공원이라 부르며 여가를 즐겼고, 보다 전문화·다양화되는 근대 이후에는 도시 내외에 이러한 이상향적 장소를 조성하는 직업을 조경, 그 일을 수행하는 전문가들을 조경가라 부르게 되었다.

20세기 사회는 심리학이 우리의 욕구와 행동, 아름다움을 새롭게 정의하게 되는데, 미적 욕구를 인간의 본능적·보편적 욕구 중에서 최상위의 것으로 설명하고 있다. 20세기 초 매슬로우Abraham Maslow (1908~1970)라는 인본주의 심리학자는 '인간 욕구의 5단계'라는 유명한 이론을 1943년에 발표하였다. 이 5단계설은 1단계의 생존의 욕구로부터 시작하여 5단계의 자아실현의 욕구로 완성되는데, 이때 가장 상위의 욕구 단계에 아름다움과 예술 창조의 욕구가 포함되어 있다고 본다. 중요한 것은, 이 최상위의 욕구 단계에서 사람들은 본능적으로 주변 환경을 보다 의미 있고 아름다운 곳으로 가꾸어서 스스로 행복해지기를 원한다는 점이다. 이런 면에서 조경이 하는 일은 인류 보편의 최상위의 욕구를 만족시키는 것이며, 우리는 이러한 조경의 역할에서 보편적이고도 독자적인 보람과 긍지를 찾을 수 있다.

역사적으로 볼 때, 산업혁명 이후 도시의 근대화 과정 속에서 탄생한 '도시계획'과 함께 근대의 위대한 발명품의 하나인 '시민공원 public park'을 만들게 되면서 근대 조경의 역사는 본격적으로 시작되었다. 우리가 일상 속에서 접하고 있는 근대 시민사회 속의 조경은 세계 최초의 법정 도시공원인 영국 버큰헤드 공원Birkenhead Park(1843)으로부터 시작된다. 이렇게 볼 때 조경의 역사는 근 200년에 미치지 못하는 상대적으로 젊은 기술 분야다. 그러나 산업혁명의 부작용이었던 도시 환경의 악화를 해결하기 위해 자연과 도시 건설을 융합시킨 조경은 새롭게 탄생한 제3의 예술 분야다. 또한 근대 조경은 시민혁명으로 만들어진 민주화의 산물이라는 점에 그 역사적 의의가 있다. 근대 조경은 공원에서 출발하여, 점차 광장, 가로, 하천, 수림 등으로 그 공간 영역을 확장해 나가며 도시 속의 공공 환경을 아름답고 유용하고 건강하게 조성·관리하는 신생 전문 분야로 발전했다. 조경은 그 짧은 역사에도 불구하고 현 시점에 이르기까지 과학과 예술이 융합된 실천적 종합 예술 학문으로 발전하고 있다.

다시 말하지만, 근대 조경과 근대 도시계획은 근대의 산업도시가 낳은 쌍생아다. 영국의 도시계획가 하워드Ebenezer Howard(1850~1928)가 제창한 '전원도시 운동Garden City Movement'(1889)은 도시계획 최초

하워드가 제창한 '전원도시 운동' 이념에 따라 최초로 건설된
'레치워스 가든 시티'(Letchworth Garden City: B. Parker & R. Unwin, 1903)의 전경

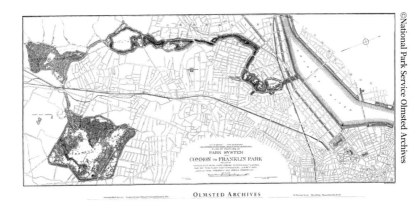

옴스테드와 엘리어트가 설계한 미국 보스턴의
'에메랄드 네클리스 공원 체계'(Emerald Necklace Park System, 1894)

의 이론적 모형으로 근대 산업도시의 열악한 환경을 치유하기 위해 공
원 녹지와 도시가 결합된 '공원도시'와 다름없는 개념이었고, 그 후 영
국과 미국에서 실현된 전원도시들은 사실상 공원과 녹지가 뼈대가 된
도시였다.

    이어서 우리가 잘 아는 미국 조경의 아버지 옴스테드Frederick
Law Olmsted(1822~1903)는 단위 도시공원의 계획·설계를 넘어서는 '도시
공원 체계Park System'(1886~1893)와 '도시 미화 운동'(1893~1928)의 개념
을 제시하고 실현시킴으로써 조경의 공간 영역을 도시와 국토 전체로
확대시켰다. 이후 전근대의 사적인 정원을 넘어 새로운 도시 가꾸기의
방법으로서 근대주의적 조경이 주로 영미권을 중심으로 새로운 사회
서비스 영역으로 전문화되기 시작하였고, 관련 산업과 공공기관에서도
별도의 기술 영역으로 구분되기 시작하였다. 특히, 공공의 가치를 최우
선시하는 현대 민주사회에서, 조경의 공공적·사회적 역할은 인접 건설
분야들과는 차별화되는 조경 분야의 독자적 전통이자 정체성으로 인식
되어 왔다.

'한국조경헌장' 속 조경의 정의와 영역

한국의 조경 도입 과정에 대해서는 앞 장에 설명되어 있으니 여기서는 생략하기로 한다. 한국 조경 50주년이 다가오고 있는 현 시점까지 조경이 걸어 온 길에는 현격한 발전에도 불구하고 여러 난관도 있었다. 조경의 대상 환경과 사용 자원의 특성상 그 경계부에서는 늘 인접 분야와의 갈등이 있었고, 이는 직간접적으로 조경의 대사회적 영향력과 사업의 확장에 제한을 초래해 왔다. 한국조경학회에서는 이러한 대내외적 상황에 능동적으로 대응하자는 뜻에서, 당대 세계 조경의 추이를 반영하고 21세기를 향한 미래지향적 한국 조경의 의미를 새로이 정의하는 '한국조경헌장'(2013)을 제정하였다. 여기에 표현된 조경의 정의와 가치, 영역과 대상의 내용을 재음미하는 것은 한국 조경 전반의 모습을 조감하는 데 필요하다고 생각된다. '한국조경헌장(이하 '헌장')'의 내용은 크게 서문에 포함된 '조경의 정의'와 이어지는 '조경의 가치', '조경의 영역과 대상', '조경의 과제' 순으로 구성되어 있다. 한국조경학회에서 발간하는 학회지의 권두와 권미에는 각각 축약본과 정본을 싣고 있다. 정본은 A4 총 3쪽의 많은 분량이므로 이 글에서는 축약본을 중심으로 약술하기로 한다. 먼저 헌장 속 '조경의 정의'와 함께 이와 관련된 '조경의 가치'를 살펴보자.

먼저, 헌장에서 밝히는 조경의 정의는 앞 장에서 소개된 미국조경가협회의 조경의 정의(1974)와 비교해 볼 때, 기본적인 핵심은 유지하면서도 격세지감을 느끼게 하는 새로운 표현들을 담고 있다. 내용상 포괄적이면서도 새로운 개념들이 나타나는데, 예를 들어 '건강한'이라는 표현은 기존의 생태적 건강성에서 확장하여 현 시대가 요구하는 사회의 개방적 건강함을 포함하는 말로 이해된다. 또한 전자(미국조경가협회 정의)에서는 대상을 '토지'로 국한시켰는데 여기서 '경관'을 포함시킨 것

조경의 정의

조경은 아름답고 유용하고 건강한 환경을 형성하기 위해 인문적·과학적 지식을 응용하여 토지와 경관을 계획·설계·조성·관리하는 문화적 행위이다.

조경의 가치

자연적 가치: 자연은 생명의 원천이다. 지구에는 다양한 동식물종이 서로 관계를 맺고 있으며, 조경은 이들의 건강한 공생을 중시한다. 자연은 현 세대를 위한 소비의 대상만이 아니라 미래 세대를 위해 보존되고 관리되어야 하는 자원이다. 조경은 자연과 사람 사이에 형성되어 온 부조화를 해소하고 상처 받은 자연을 건강하게 치유한다.

사회적 가치: 삶의 터전은 유한한 공간이자 공공의 자원이다. 사회 구성원은 이 터전을 지혜롭게 공유하고 행복을 추구할 권리를 가지며, 조경은 시민의 공공적 행복을 우선적으로 고려한다. 조경은 사회적 약자를 배려하고 누구에게나 평등한 공공 환경을 조성한다.

문화적 가치: 인류가 축적해 온 인문적 자산은 그 자체로 존중되어야 하는 조경의 토대이다. 조경은 역사성, 지역성, 문화적 다양성을 존중하며, 창의적 예술 정신을 지향한다.

— '한국조경헌장'(2013, 축약본) 중

은 조경의 대상을 물리적 환경 자체에 한정하기보다, 보는 사람의 인지적 차원까지 포함시킨다는 의미이고, 요즈음 문화 경관을 세계유산으로 중시하는 세계적 추세에도 부합하여 조경 분야의 확장에 있어서도 그 의미가 크다.

다음으로는 조경의 가치를 서술하고 있는데 이는 조경의 정의를 뒷받침하는 내용이며 조경 분야의 존재 이유를 말하는 것이라 할 수 있다. 단지, 미적 가치는 조경의 태생적 가치로 앞서 조경의 정의의 맨 앞에 규정되어 있으므로 여기서는 보다 확장적인 '문화적 가치' 속에 포함시키면서, '자연적 가치'와 '사회적 가치', '문화적 가치'를 조경의 3대 가치로 정립하고 있다. 시대가 요구하는 새로운 가치로 공동체적 가치인 '사회적 가치'를 새롭게 영입하고 순위도 격상시킨 것이 주목된다.

이는 조경의 본질적 가치인 공공성의 가치와도 연결되는 중요한 윤리적 항목이다.

이후, 조경의 영역과 대상은 헌장의 정본에서는 거의 2/3의 분량을 차지하나, 본고에서는 지면관계상 축약본만을 소개한다.

조경의 영역

조경의 영역은 정책, 계획, 설계, 시공, 관리, 운영, 연구, 교육 등이다.

— '한국조경헌장'(2013, 축약본) 중

조경의 실무 영역의 대분류는 '땅 가꾸기'의 순차적 단계에 대응한다. 최상위의 영역은 정부나 지자체 차원의 거시적 방향 설정인 '조경정책'의 영역이 있고, 이를 이어서 각 지역과 도시의 조경 마스터플랜으로서의 '공원녹지기본계획'과 '도시조경기본계획', 단위 대상지의 구체적인 '조경계획'과 '조경설계', 이를 현장에 구현하는 '조경시공'과 '조경감리', 조성 후 이용단계에서의 '운영관리'가 가장 기본적인 조경의 실무 영역이다. 이와 함께 조경 관련 지식과 인적 자원의 생산으로 이들을 뒷받침하는 '연구'와 '교육' 등이 대표적인 조경의 영역에 포함된다. 이들 대영역들 간에도 정책과 계획, 연구는 내용상으로 상호 연계되어 있고, 계획과 설계는 디자인 과정의 전후로 직접 연결되어 있으며, 설계와 감리, 시공 또한 시행 단계에서 전과 후로 긴밀히 연결되어 있다. 조경관리는 시공 후의 식물, 지형 등 자연 요소와 구조물, 시설물, 조명 등 인공요소를 포함하는 물리적 환경을 대상으로 하는 유지관리(하드웨어 관리)는 물론, 최근에는 이용자의 활동 프로그램 및 이용자 참여를 포함하는 운영관리(소프트웨어 관리)의 양대 부문이 전문화되고 있다. 이들 조경계획, 조경설계, 시공, 운영관리의 각 단계들은 점차 정보과학을 기반으로 하는 스마트 환경 체계로 전환되고 있다. 종합적으로 볼 때, 이들 조경의 실무 영역들은 서로가 꼬리를 물고 발전해 가는 일종의 환류 체계feedback system의 성격을 갖고 있다.

조경의 대상

조경의 대상은 정원, 공원, 녹색기반시설, 역사·문화유산, 산업유산·재생 공간, 교육 공간, 주거단지, 건강과 공공복지 공간, 여가 관광 공간, 농·산·어촌 환경, 수자원 및 체계, 생태자원 보존 및 복원 공간 등이다.

— '한국조경헌장'(2013, 축약본) 중

조경의 대상 공간에는 눈에 보이는 국토 경관의 대부분이 해당된다. 그중에서도 경관과 생태, 휴양 환경면에서 가치가 높은 산림, 수변, 해양 등의 '자연환경', 도시와 농산어촌 지역 중에서 공공의 이용을 위한 공원, 녹지, 스포츠 시설 등의 '도시계획시설', 그리고 '역사 문화 관광 지역'과 재생 대상의 '산업유산'들을 포함하는 중점적인 조경 대상 영역들이 있다. 구체적인 대상 공간의 목록은 너무 방대하여 헌장(정본)의 내용을 참조하기 바란다.

세계의 조경 관련 헌장과 과제

조경헌장은 한국에만 있는 것이 아니다. 한국조경헌장을 만들 때 참조한 것은 세계 여러 나라에서 제정된 '경관헌장Landscape Charter'이었다. 1992년에 유엔교육과학문화기구UNESCO 산하의 세계유산협약World Heritage Convention은 세계문화유산의 범주 속에 '문화 경관Cultural Landscape' 항목의 신설을 선언하였다. 이후 유럽이사회European Council는 2000년 10월 20일 이탈리아 피렌체 회의에서 '유럽경관협약European

Landscape Convention'을 체결하고 '세계조경가협회IFLA'로 하여금 권역별 지부와 국가별 지부에 각각 지역별 문화 경관을 발굴하고 보전하기 위한 경관헌장을 제정하게끔 촉구하였다. 여기서 '문화 경관'이란 세계유산협약의 용어 정의에 의하면 '기본적으로 오랜 세월에 걸쳐 자연과 인류사회의 경제·문화 행위가 결합되어 나타난 장소들'이었다.

이에 따라 세계조경가협회의 권역별 지부와 산하 각국 지부들은 2000년대 이후 속속 경관헌장을 제정하였다. 그 내용은 문화 경관 자원 발굴, 보전과 관리에 대한 조항을 기본적으로 포함하고 있었으나 여타의 형식과 내용은 권역과 나라에 따라 차이가 있었다. 그중 다수의 사례는 문화 경관의 보전과 창조를 위한 조경가들의 역할을 강조하는 내용으로 되어 있어, 한국조경헌장과 유사한 구조와 내용을 포함하고 있었다. 그중에서도 호주와 캐나다 경관헌장, 그리고 세계조경가협회 아시아·태평양 지부APR의 내용은 특히 한국조경헌장과 구조가 유사하였다.

이들을 종합해 볼 때, 서두에는 주로 조경 또는 경관의 정의와 문화 경관 보전에 있어서의 역할을 규정하였고, 중심부의 내용은 지역별 조경가 단체 활동의 원칙과 구체적 방침들을 포함하고 있다(표 참조). 이들 내용 속에서 공통적으로 발견되는 새로운 동시대적 핵심어로는 '지역사회community', '주민 또는 이용자people들의 인식과 지식 증진', '소통과 참여', '인간의 건강과 복지를 위한 환경' 등이다. 즉, 직전 시대까지 강조되어 왔던 생태 환경이나 물리적 환경과 함께 그를 보살피고 향유하는 '인간' 또는 '공동체'를 새롭게 중요시하는 시각이 두드러진다는 점이며, 이는 소위 '사회적 조경'을 화두로 삼는 현금의 추세를 반영하는 것이라 할 수 있다.

이러한 추세는 한국조경헌장에서 마지막에 위치하는 '조경의 과제'와도 맥을 같이 하고 있다고 볼 수 있다. 이 시대 조경의 문제는 '사람'이다!

경관헌장 사례	조경(경관)의 정의, 단체의 역할	원칙·방침
The Australian L.C. (2011)	· 예술과 과학의 창의적 결합을 통해 미래 지역사회의 형태와 공간을 형성	· 경관 자원의 가치 평가 · 보존, 향상, 재생 · 미래지향 설계 · 소통·참여적 설계
Canadian L.C. (2017)	· 경관을 향상, 보호, 복원, 계획, 조성, 관리 · 경관의 질적 증진을 위한 정책, 자원 배분 · 공공의 인식과 기대를 증진	· 경관 자원의 활성화 · 경관에 대한 이용자들의 경험 및 인식 증진 · 경관에 대한 지킴이 의식 고무 · 경관에 대한 지식 증진
IFLA APR L.C. (2015)	· 경관은 사람들이 삶과 일, 놀이를 하는 외부 공간을 말함 · 사람들은 경관을 통해 국가와 마을을 인식 · 경관은 사람들과 지역 토지와 동식물을 결속시킴	· 지속가능한 관리 · 다양한 문화 존중 · 다양한 생태 존중 · 집단과 장소의 정체성 존중 · 인간의 건강·복지를 지향하는 환경 조성 · 설계 혁신을 위한 장소 창출 · 지역주민 참여를 통한 포용성 증진
종합	· 경관이 속해 있는 지역사회와 공공, 사람들을 강조	· 대상으로서의 환경만이 아니라, 주체로서의 지역사회 문화와의 통합성 강조 · 이를 위한 조경가의 역할 강조

조경의 과제

· 세계적 보편성을 지향하는 동시에 지역성과 문화적 다양성의 가치를 발견한다.

· 대지, 경관, 삶의 의미와 역사를 해석하고 표현하는 창의적 조경 작품을 생산하고, 미래의 라이프 스타일을 이끄는 조경 문화를 형성한다.

· 계획과 설계 행위를 통해 생물종다양성을 제고하고, 전 지구적 기후 변화에 대응할 수 있는 첨단의 설계 해법과 전문 지식을 갖춘다.

· 누구나 자유롭게 찾고 경험할 수 있는 건강하고 안전하고 민주적인 공간을 구축하며, 지속가능한 환경 복지를 지향한다.

· 시민과 협력하고 커뮤니티를 지원하는 참여의 문화와 리더십을 실천한다.

· 복합적 도시 문제의 해결 과정에서 지혜를 발휘할 수 있는 전문 지식과 기술을 축적한다.

· 관련 분야와의 협력을 선도하고 조정하며 도시의 자연환경의 문제를 융합적·통합적으로 계획·설계·관리한다.

· 사회적으로 책임 있는 역할을 수행하기 위해 조경가의 직업 윤리를 확립하고 질 높은 조경 서비스를 제공한다.

— '한국조경헌장'(2013, 축약본) 중

이규목·고정희

양식론

양식, 디자인의 사전

정원 양식, 한정판의 묘미

이규목

양식, 디자인의 사전

양식의 형성, 존재론적 닮기의 과정

'역사적 양식'에 관한 이야기를 시작하겠습니다. 역사적 양식은 어느 특정 지역에서 그 시대의 모든 예술 분야에 영향을 미친 예술적 풍조를 말합니다. 양식은 예술 분야만이 가진 독특한 존재 방식이죠. 예술이 아닌 분야에는 없어요. 조경도 예술적 측면이 있기 때문에 양식이 있습니다.

그렇다면 양식은 어떻게 형성될까요? 처음에는 개인적 취향에서 시작합니다. 사람은 누구나 개인적인 취향이 있고, 이는 감성적 반응에서 발견됩니다. 설계가는 자신의 경험이나 그가 받은 교육에서부터 그만의 이상과 개성적 취향이 생겨나고, 이를 작품에 표현하게 됩니다. 그러므로 취향은 창작 과정에서 그 작품의 성격을 좌우하는 중요한 요소이며, 이것이 발전하면 개성적 스타일이 됩니다. 그런데 같은 환경의 사람들은 서로 경험이 유사하기 때문에 상호 모방을 통해 취향이 비슷해집니다. 즉, 한 지역의 사회적·국가적 취향이 성립되는 거죠. 의식적 모방이 아니라, 무의식적으로 모방하는 겁니다. 형태를 그대로 베끼는 것이 아닌, 존재론적 닮기가 이루어지는 거예요. 이를 '성형적 모방 plastic imitation'이라고 합니다. 개인이 사회적 관습이나 대중의 행동에 자신도 모르게 순응하고, 주위의 암시에 감응하는 현상을 말해요. 반대 말은 '의식적 모방'인데, 기존 형태에 종속해서 과거의 틀이나 양식에 빠져버리는 것을 말합니다. 성형적 모방을 통해서 공통점이 있는 것들이 비슷한 사회나 지역, 시간에 나타나면 '형태의 일양화—樣化가 된다'고 해요. 이게 어느 정도 지속하면 그 시대를 대표하는 양식으로 정착하게 됩니다. 하나의 역사적 양식이 되려면, 여러 가지 조건이 맞아야 해요. 그 시대 사람들의 문화·경제·정치·위치적 특성을 반영해야 살아남아요. 건축 분야는 이집트·그리스 시대부터 양식이 발전했지만, 조경 분야에서 양식이 성립된 것은 르네상스Renaissance 이탈리아에서부터입니다.

그런데 왜 양식을 배울까요? 많은 사람들이 무엇을 만든다고 할 때, 아무 근거 없이 뚝 떨어진 게 아니죠. 자기도 모르게 과거 양식의 영향을 받습니다. 즉, 차용하게 되는 거죠. 역사적으로 보아도 과거의 양식이 현대 조경에 많은 영향을 미쳤습니다. 그래서 역사적 양식은 하나의 큰 어휘, 사전이 되는 거예요. 과거의 양식을 끄집어내되 그냥 베끼지 않고 고민하면서 자신도 모르게 슬그머니 닮아 가면, 앞서 말한 성형적 모방이 되는 겁니다. 그 대표적 예로 근대 도시공원이 영국의 풍경식 정원 양식에서 많은 영향을 받았고, 반면 프랑스나 이탈리아의 기하학적 평면 양식은 모더니즘Modernism 작가들한테 많은 영향을 주었습니다.

어떠한 창작 과정이든지 몹시 어려운 문제 가운데 하나가 '모방이냐, 창조냐'의 문제예요. 까딱하면 모방이 됩니다. 모방만 한 것은 가치 없어요. 창작을 해야 하죠. 그런데 창작한다는 것은 남과는 다른 것을 만들어낸다기보다는, 다른 맛이 나는 것을 만드는 겁니다. 역사적으로 모방으로 유명해진 사람은 아무도 없습니다. 모방을 잘해서 아무리 멋있게 만들어도, 새로운 것을 창조한 사람들이 더욱 존중받죠. 창조라는 것은 블루오션을 찾아서 나타냈다는 겁니다. 한 번 더 강조하자면, 양식은 창조의 좋은 밑거름이 됩니다.

양식의 이원론

두 번째로 넘어가죠. 양식은 크게 두 가지로 구분할 수 있습니다. 이른바 '이원론적 사고二元論的 思考'를 말하는데, 그 가장 대표적인 것이 동양 사고체계에서의 '음양론陰陽論'입니다. 모든 사고의 핵심은 태극기처럼 하나의 동그라미지만, 그 안에는 '음'과 '양'이 있다는 겁니다. 이원론적 사고를 하면 편리한 게 많아요. 건축 분야에도 이 이원론을 적용해 볼 수 있는데, 이는 그리스에서부터 시작합니다. 고대 그리스의 '고전주의 건축'이 다음에 나타난 중세 고딕 양식의 '낭만주의 건축'과 하나의 쌍을 이룹니다. 음악에서도 베토벤이나 모차르트, 바흐, 헨델은 고전주의고, 브람스로 넘어가면서는 낭만주의 양식이 됩니다. 고전주의 양식은 형식이 엄밀하고 교과서 틀에 맞춰 전개되는 특징이 있는데, 건축이 그렇고 조경도 마찬가지입니다. 반면에 그 반대편인 낭만주의는 변형이 많고 유연합니다. 한편, 르네상스로 넘어가서는 '바로크Baroque'와 '로코코Rococo'로 이원화할 수 있습니다.

조경 분야에서는 시대 양식이 다소 늦게 생겨났습니다. 르네상스 시대의 이탈리아에서부터 나타납니다. 즉, 그리스 건축이나 낭만주의 건축에는 조경 양식이 없습니다. 한 10세기경, 지금부터 약 1,000년 전에야 시대적 양식으로 인정할 수 있는 조경 공간이 나타나기 시작합니다. 그 이후의 양식은 이원적으로 구분할 수 있습니다. 하나는 건축식이고, 다른 하나는 풍경식입니다. 형태의 미를 살리려고 한 것이 건축식이며, 반면에 풍경식은 자연을 닮으려 하는 겁니다. 이는 다른 말로 '정형식formal'과 '비정형식informal'으로 표현할 수 있어요.

유럽 사람들은 조경 양식을 위의 두 가지로 정리하지만, 우리는 그중 비정형적 양식을 다시 둘로 나눌 수 있어요. 첫째는 자연사실적自然寫實的인 것인데, 영국에서 시작했으므로 '잉글리시 로맨틱English Romantic'이라 하고, '사실적 풍경식Practical Naturalism'이라고도 씁니다. 실질적인 자연주의, 그러니까 자연 풍경을 그대로 표현하는 방식입니다. 둘째는 사의적寫意的, 즉 '뜻을 그린다'는 겁니다. 자연 그대로를 그리면서도 뜻을 담는다는 말이에요. 영어로 표현하면 '로맨틱 픽토리얼 심볼리즘Romantic Pictorial Symbolism'이라고 합니다. 상징주의 성격을 띤다는 거죠. 자연을 상징해서 표현하는 기법이 중국·일본·한국의 동양 삼국에서 발달했어요. 서양 사람들은 이 세 나라가 자신들한테서 제일 멀리 있다고 '극동極東 삼국'이란 말을 쓰기도 합니다.

전 세계 어디든지 조경 양식이 있습니다. 우리한테 친숙한 양식 중에는 '무어식 정원Moorish Gardens'이 있죠. 파티오Patio의 유래이기도 한데, 스페인 남쪽 그라나다의 알람브라Alhambra 궁전에 바로 이 무어식 정원이 유명합니다. 반면, 무굴식Mogul Style으로는 '세계에서 가장 아름다운 묘'라는 인도의 타지마할Taj Mahal이 있습니다. 그리고 현대의 대표적 양식, 우리 시대의 양식으로는 '모더니즘'이 전 세계를 풍미합니다. 약 100년 전에 생겼는데, 어떤 사람들은 앞으로 100년은 더 가리라고 봅니다. 그 안에서 여러 파생적 양식들이 나타났지만, 모더니즘이 아직 우리 시대를 대표하는 양식이라는 거죠.

서양의 건축식 양식과 풍경식 양식

'건축식 양식', 그리고 풍경식 양식 중에서는 '사실적 풍경식', 이 두 가지만 이야기하겠습니다. 대표적인 건축적 양식은 주로 이탈리아와 프랑스에서 발달했어요. 이 두 나라는 유럽 대륙의 중심에 있는 나라죠. 그중 이탈리아에서 발달한 정원 양식은 '르네상스 정원'입니다. 즉, 르네상스 시절에 성립된 양식이죠. 그리고 서구의 대표적인 건축과 정원은 그들 문화가 가장 번창했던 16~17세기에서야 비로소 만발하기 시작합니다. 그 출발은 12~13세기였지만, 꽃을 활짝 피운 것은 16~17세기입니다. 이제 이탈리아에서 비롯한 르네상스에 이어서 바로크, 로코코가 전 유럽으로 번져나가죠. '바로크 양식'은 건축뿐만 아니라 실내 양식, 심지어는 커튼의 자수 같은 디자인 및 외부 공간에까지 영향을 미쳤습니다. 이른바 유럽을 대표할 만한 양식이 바로 이 바로크입니다.

르네상스 정원

르네상스가 시작할 무렵, 이탈리아에서는 귀족들이 많은 부를 축적했습니다. 이들은 미켈란젤로 작품같이 훌륭한 회화 작품을 컬렉션해서 전시하고 과시하려는 저택을 지었고, 그에 딸린 정원도 만들었습니다. 굉장히 호사스럽고 큰 정원이었는데, 자기가 살고 즐기기 위한 곳이라기보다는 외부 사람들에게 보여주는 정원이었죠. 평야가 적어 경사지에 정원이 조성되었기 때문에 노단식露壇式으로 만들어졌고, 자연을 담았다기보다는 기하학적인, 직각으로 꺾인 직선을 많이 사용했습니다. 자연을 많이 길들여서 인위적인 정원을 만들었다고 볼 수 있죠. '빌라 란테Villa Lante', '빌라 데스테Villa d'Este', '빌라 메디치Villa Medici' 등이 대표적인데, 여기서 '빌라'는 저택(규모가 아주 큰 집)을 뜻합니다.

빌라 데스테의 대분수. 정원이 경사지에 자리하고 있어서,
산 위에서 내려오는 물로 거대한 자연유하식(自然流下式) 분수를 여러 곳에 조성하였다.

바로크 정원

르네상스가 전 유럽으로 번지면서, 프랑스는 좀 더 대담한 바로크 스타
일로 갑니다. 르네상스와 바로크는 서로 형제지간 같아요. 바로크가 좀
더 화려하고 과장되며 장식이 많습니다. 건물과 정원 대부분이 평탄한
지역에 자리하고, 그중 정원은 엄격한 대칭형을 이루어 인위적이고 장
엄합니다. 논리적·인위적 질서를 표현한 거죠. 또한, 그 특징을 영어로
는 'clearly stated frame'이라고 설명하는데, 자연에다 명료하게 구
분된 틀을 얹었다는 뜻입니다. 보는 이에 따라서는 너무 스케일이 크고
삭막해서 오만한 느낌을 받을 수도 있어요. 이러한 양식의 발전 뒤에
는 한 명의 위대한 조경가가 있습니다. 바로 앙드레 르노트르André Le
Nôtre(1613~1700)입니다. 그가 만든 정원 가운데 보르비콩트 성城의 정원
Jardins de Vaux-le-Vicomte이 있는데, 이곳을 본 프랑스 왕 루이 14세의

프랑스 보르비콩트 성 앞에서 중심축 선상으로 바라본 모습.
이 정원은 앙드레 르노트르의 대표작으로, 평면 기하학식 정원 가운데 최고 걸작이다.

의뢰로 조성한 게, 그 유명한 베르사유 궁전의 정원Jardins du château de
Versailles입니다.

　　바로크 정원은 서양 사람들의 취향을 대변하는 정원이라 할 수
있어요. 그래서 앞서 말한 두 곳뿐만 아니라, 유럽의 여러 도시에서
도 바로크 정원을 찾아볼 수 있습니다. 예를 들어 영국의 세인트제임
스 파크St. James' Park, 화이트홀 가든Whitehall Gardens, 햄프턴 코트
Hampton Court, 오스트리아의 쇤브룬 궁전과 정원Palace and Gardens of
Schönbrunn, 독일 하노버의 헤렌호이저 왕궁 정원Herrenhäuser Gärten,
그리고 러시아의 표트르 대제가 만든 페트로드보레츠Petrodvorets의 여
름 정원도 이 바로크 양식을 따릅니다. 이 밖에 노르웨이나 스웨덴에도
있습니다. 한편, 바로크 정원 양식은 정원뿐만 아니라 도시계획에도 영
향을 미칩니다. 프랑스 파리의 샹젤리제Champs-Élysées를 비롯한 방사

형 도로가 그러하죠. 미국 워싱턴Washington, D.C. 계획에는 프랑스 출신의 군인인 기사 피에르 랑팡Pierre C. L'Enfant(1754~1825)이 참여했는데, 중심축을 설정하고 부축선副軸線의 종점에는 백악관을 배치했어요.

풍경식 정원

바로크 정원 양식이 영국에서도 그 영향력을 발휘했습니다. 그런데 당시 영국은 유럽 변두리의 작은 나라였는데도 세계를 제패하죠. 전 세계로 뻗어나가 해가 지는 날이 없다고 하는 등, 상당히 자부심이 강했습니다. 그런데 삭막하고 건조한 정형적 정원 양식이 그들의 환경이나 취향과는 잘 맞지 않았어요. 영국의 지형을 보통 'undulation(파도 모양, 기복)'이라고 표현하는데, 높은 산도 없고 평야도 없는 대신에 구부렁구부렁 둔덕이 많습니다. 또 밤낮으로 비 오는 기후다 보니, 굉장히 큰 나무들이 많아요. 우리나라로 치면 천연기념물로 지정될법한 나무들이 수두룩합니다. 이렇듯 자연이 근사하다 보니, 영국 사람들은 그들의 자연을 그대로 살린 정원을 만들고 싶어 하게 됩니다. 그래서 처음에는 정형식으로 정원을 만들었다가, 나중에 뜯어고치기도 합니다.

그때 마침 영국 화가들이 제 역할을 합니다. 모더니즘 때도 이야기하겠지만, 이 사람들은 그저 창작만 하는 사람들이 아닙니다. 다른 사람들한테 독특하게 보이는 그림을 그리려 했고, 어떻게 하면 사물을 다른 시각으로 볼 수 있을지를 연구했습니다. 당시 화가들은 자연 풍경을 멋지게 그려냈습니다. '풍경화landscape painting'라고 하죠. 풍경식 정원은 바로 여기서 영감을 받았습니다. 자연과 주변 경관에 관심을 두고, 자연 풍광 자체를 긍정적으로 평가한 거죠. 이로써 풍경식 정원은 영국을 대표하는 정원 양식이 되고, '로맨틱 랜드스케이프 스타일Romantic Landscape Style'이라고 이름 붙입니다. '로맨틱 스타일'이란, 사람의 인위적인 맛이 안 나고 자연 그대로를 닮은 정원이라는 겁니다.

영국 사람들의 민족적 자부심도 만족시켰을 뿐만 아니라, 영국의 자연 경관에도 어울리고 여러 가지 식생들과도 잘 맞았습니다.

영국의 장원莊園, manor에 가보면, 입구에서부터 30분 정도는 차 타고 들어가야 비로소 성이 보입니다. 그곳 주변으로 목초지 풍경이 한 없이 펼쳐지는데, 상대적으로 성은 작죠. 이제 이런 목초지에다 뭔가 키워야 하는데, 바로 땅 위에다 울타리를 치면 자연경관을 망칩니다. 그래서 생각해낸 게, 먼저 도랑을 파고 그 안에다 울타리를 두른 뒤 가축을 길렀습니다. 이렇게 하면 시각적으로는 트여 있어 자연스러우면서도, 동물은 달아나지 못하게 한 거죠. 이러한 수법을 '하하ha-ha'라고 합니다. 울타리가 보이지 않게 해서 자연스러움을 더 강조하는 겁니다.

'픽처레스크picturesque'라는 단어가 있어요. '그림 같은'이라는 뜻인데, 번역이 잘 안 되죠. 이 말은 하나의 미학 이론으로 볼 수 있어요.

영국 런던 근교에 있는 스타우어헤드의 모습. 가장 아름다운 풍경식 정원의 하나로 손꼽히며, 영화 '오만과 편견' 등 역사 드라마의 촬영 장소로 인기가 높다.

꼭 정원에만 해당하는 건 아닌데, 풍경식 정원 양식과 관련해 말할 때는 '정원을 그림같이' 만든다는 의미입니다. 풍경식 정원 사례로는 영국 런던 근처에 있는 스타우어헤드Stourhead, 블레넘 궁Blenheim Palace의 정원 같은 이름난 정원들이 있습니다. 이 밖에도 기타 귀족들과 왕이 소유한 정원이 여럿 있습니다.

한편, 풍경식 정원이 하나의 양식으로 다시금 주목받는 계기가 있었습니다. 바로 도시공원이 생기면서예요. 옛날에 도시가 작을 때는 조금만 걸어 나가면 바로 자연이기 때문에 공원이 굳이 필요하지 않았지만, 18세기 중반부터 산업혁명이 일어나 증기기관이 발달하고 도시로 인구가 집중하면서 공원이 필요해졌습니다. 이때, 자연을 닮은 영국의 풍경식 정원이 도시공원 형태에 상당한 영향을 미쳤습니다. 미국 뉴욕의 '센트럴 파크Central Park'(1876)가 대표적입니다. 당시 센트럴 파크 현상설계(1857)에서 당선된 프레더릭 옴스테드와 캘버트 보Calvert Vaux(1824~1895)는 영국 리버풀에 있는 버큰헤드 공원을 참고해 설계했다고 밝히기도 했습니다. 곡선 길, 구릉, 호수 같은 요소들이 도시공원의 기능적 용도엔 딱 들어맞는다는 거죠. 조경에서 모더니즘 양식이 나타나기 전, 픽처레스크는 근대 공원의 개념에 많은 영향을 미쳤습니다. 따라서 양식으로서 더 많은 가치를 발휘하게 되었고, 비로소 사람들이 연구하게 되었습니다.

무어식 정원과 타지마할

무어식 정원 이야기를 해볼까요? 이 정원 양식은 스페인에서 발달하였습니다. 7세기경 아랍계 이슬람교도들이 스페인이 자리한 이베리아 반도를 점령하는데, 이 이슬람 사람들을 바로 무어인Moor이라고 해요. 당시 스페인은 남쪽 나라여서 집 밖이 더우니까 건축물로 둘러싸인 중정中庭을 만들어 놨습니다. 이 중정을 스페인 말로 '파티오'라 하는데,

원래 중정 안에는 아무것도 없이 그저 밋밋했습니다. 그라나다의 알람브라 궁전같이 커다란 궁도 그 안엔 빈 공간만 있었죠. 그런데 무어인들이 이 빈 중정에다 물을 끌어오고 꽃도 심어 향기가 돌게 했습니다. 아시아를 정복하면서 보았을 여러 정원들에서 아이디어를 얻은 것이지요. 그래서 이러한 정원을 '무어식 정원' 또는 '파티오 양식'이라고 합니다. 주요 구성 요소는 분수, 반사연못, 아름다운 꽃입니다. 알람브라 궁전 내 헤네랄리페Generalife 이궁離宮의 정원이 유명한데, 아쉽게도 옛날 모습은 이제 남아 있지 않아요.

이후 스페인 사람들이 중앙아메리카를 정복하면서 이 양식을 가져갑니다. 중남미 쪽도 상당히 더우니까요. 말하자면, 양식을 이전移轉한 거죠. 여기엔 현대적 의미가 하나 숨어 있습니다. 모더니즘 작가들이 '아웃도어 리빙outdoor living'을 많이 이야기했는데, 이는 정원에 데크나 작은 풀장이 있어서 여러 활동을 즐기고 야외 식사도 하는 야외 거실이라는 겁니다. 외부 공간에 거실을 만드는 건축 양식이 현대적 생활에 아주 중요한 요소가 되었다는 말이에요. 제가 개인 주택을 선호하는 이유 중 하나가 데크에 나가 정원을 살피고 물도 바라볼 수 있기 때문입니다. 이 양식이 현대에 딱 들어맞는 거죠. 그러다 보니 이 파티오 양식이 유명해졌습니다.

아쉽게도 저는 무어식 정원에 별로 못 가봤는데, 최근에 인도의 타지마할은 가봤어요. 이곳 때문에 인도 가는 사람들이 많죠. 타지마할 앞에 무굴식 정원이 있습니다. 이 무굴식 정원도 역사가 깊어요. 사실 무굴식 정원은 본래부터 인도에 살던 사람들, 즉 힌두교도가 만든 게 아닙니다. 저 중앙아시아 우즈베크 쪽에 '티무르Timur'라는 황제가 있었는데, 그 후손들이 150년 간 통치하다가 멸망하면서 왕족이 인도로 망명합니다. 그리고 16세기경에 이슬람 제국을 세우죠. 그것이 바로 무굴 제국입니다. 그리고 인도에서는 힌두교 왕조와 공생하게 됩니다.

타지마할 왕궁은 17세기경 무굴 왕조의 황제였던 샤자한Shah Jahan이 일찍 죽은 왕비 뭄타즈 마할Mumtaz Mahal을 위해 만든 거예요. 아침마다 자신의 궁에서 죽은 아내를 기억했겠죠. 그 경관이 기막혀서 전 세계 많은 사람들이 보고 감탄합니다. 디자인 언어는 간단해요. 궁은 완전히 대칭이고, 그 앞 가운데로 수로가 흐르며, 수로 중앙에는 연꽃 모양의 수조와 분수가 있어요. 축을 강조하는 힘은 약하지만, 가운데 수로 양쪽으로 나무가 심어져 있습니다. 한편, 물에 비친 타지마할의 모습도 아주 대단합니다. 타지마할을 구성하는 대리석은 햇빛을 받으면 하얗고, 석양빛을 받으면 황금색이며, 달빛에서는 파랗게…, 대리석 색이 변화무쌍합니다. 또한, 시공 디테일이 매우 섬세해요. 대리석을 갈아 문양을 내었는데, 벽면을 들여다보면 검은색과 하얀색을 하나하나 쪼개서 이어 맞추었습니다. 인간의 손이 가진 솜씨에 감탄하게 됩니다. 전체적 모양만 중요한 게 아니고, 예술 작품은 특히 그 섬세함이 굉장히 중요합니다. 장인정신이에요.

동양의 '자연, 자유, 자인, 자재'

중국·일본·한국, 우리 동북아 세 나라의 정원 양식을 이야기해 보겠습니다. 동양과 서양을 구분할 때, 서양은 유럽과 미국을 말하죠. 동양과 서양은 조경 양식이 서로 다른데, 앞서 이야기했듯이 영국의 풍경식 정원은 자연을 그대로 갖다 옮겨놓은 것이고, 동양은 자연에 어떤 상징적 의미를 붙여서 독특한 정원 양식을 만들었다는 겁니다. 이러한 차이는 자연을 보는 태도가 달라서 나타났다고 할 수 있습니다. 동양과 서양의 자연을 보는 태도attitude toward nature를 우리말로는 '자연관自然觀'이라고 합니다.

이 자연을 보는 태도는 비단 정원 양식뿐만 아니라, 건축을 앉히는 방법이나 건축물의 디자인에까지 영향을 미칩니다. 서양은 '인본주의Humanism'적 사상이 강하고, 또 서양 문화의 기초가 되는 종교는 유대 기독교 사상, 말하자면 예수교 사상의 영향을 많이 받았습니다. 예수교 사상이 이스라엘에서 쫓겨나면서 모세부터는 이스라엘의 민족 종교가 되었지만, 이는 유대교로서 끝이 납니다. 그리고 그리스도 예수가 나타나서 로마 시대부터, 그러니까 르네상스가 일어나기 전부터 이미 유럽 사람들의 정신세계를 지배합니다. 그러니까 국교國敎가 된 거예요. 신교新敎, Protestantism, 구교舊敎, Roman Catholic Church 다 포함해서요.

그런데 이 유대 기독교 사상의 기본 배경이 바로 자연에 대한 태도입니다. 미켈란젤로의 '천지창조' 그림에서도 나타나듯이, 하나님이 진흙으로 인간의 몸을 만들고 자기 숨결을 불어넣어 인간을 창조합니다. 그리고 자연을 지배할 권한을 줍니다. 말하자면, 사람은 만물과 자연을 지배할 권리를 신으로부터 부여받은 거죠. 즉 인간은 자연을 지배의 대상, 이용 대상으로 생각한다는 겁니다. 이 점은 아주 중요한 특징입니다. 서구 문화의 발전 과정을 살펴보면, 자연에 대한, 환경에 대한 착취의 연속으로 볼 수 있어요.

그에 반해 서양 사람들이 '극동'이라 부르는 중국, 일본, 한국 사람들은 인간과 자연의 조화를 추구했습니다. 동양에서 자연이라는 것은 무엇에 의해 창조되거나 지배받는 것이 아니라, 자연自然은 '스스로 그러한, 스스로 그렇게 되어 있는 것'입니다. 아주 유명한 중국 춘추 시대 노자老子의 말씀이 있는데, "사람은 땅의 다스림을 받고, 땅은 하늘의 다스림을 받으며, 또 하늘은 도道로서 다스려지는데, 이 도라는 것은 결국 자연에 종속한다"는 거예요. 그러니까 궁극적인 것은 자연이라는 거죠.

서양 사람들이 이야기하듯, 자연은 지배해야 하는 대상이 아니라 스스로 자유自由요, 자인自因이며, 자재自在합니다. 즉, 스스로 자유스럽고, 스스로 생겨난 것이며, 스스로 존재하는 겁니다. 그래서 동양 사상에서는 사람도 자연의 일부입니다. 이러한 자연관은 토속 신앙은 물론이고 불교, 도교 등 여러 신앙 세계에서도 나타납니다. 도교에서는 '도'가 그러한 자연관과 관련되며, 불교에서는 '연기緣起' 사상이 있고 색즉시공色卽是空에서 '공空' 사상이 그렇습니다. 유교에서는 '이기론理氣論'이 그러합니다. '풍수지리風水地理'도 그렇고, '기氣' 사상도 마찬가지입니다.

이런 자연관이 정원 양식에서도 드러납니다. 자연을 보기 좋게 만든다기보다는 자연에 의미를 부여하고, 자연을 존중하며, 자연을 이해해서, 자연 속에 사람이 있는 것처럼 만든다는 점입니다. 이는 우리 민족이 가진 아주 좋은 특질입니다. 영어 'nature'라는 단어는 자연보다는 산수山水와 비슷해요. 산과 물로 이루어진 실체가 있는 풍경이라는 뜻이며, 우리말 '자연'에 해당하는 영어 단어는 없습니다. '자연'은 물론 산수를 포함하는 뜻이지만, 보다 본질적인 의미를 가진 단어예요.

좋은 사례로, 미술사가 오주석吳柱錫(1956~2005)이 쓴 『옛 그림 읽기의 즐거움』을 한번 읽어보면 잘 알 수 있어요. 서양에서는 '풍경화'라고 칭하고, 동양에서는 '산수화'라고 하죠. 그런데 잘 들여다보면, 서양의 풍경화는 그린 사람이 풍경 바깥에 있어요. 그림 밖에서 자연을 대상화해서 그립니다. 그런데 동양의 풍경화에서는 그림을 보는 사람이 그림 속에 있죠. 한 명만 있는 것도 아니에요. 앞쪽에 폭포를 보는 사람이 있다면, 산 너머엔 그 광경을 지켜보는 이가 또 있어요. 관찰자가 그림 안에 있는 거죠. 겸재 정선의 그림을 살펴보면, 삿갓 쓴 사람들이 옹기종기 모여 있어요. 그 안에 그림 그리는 이가 있는 거죠. 우리 정원에서도 마찬가지예요. 창덕궁의 '별원別苑'이 바로 그 예죠. 어느 서양 사람들이 세계적으로 유명하단 말을 듣고 궁에 들어가 별원을 찾았는데,

정원엔 아무것도 없는 거예요. 그래서 "그 유명한 정원이 도대체 어디 있느냐?"고 되물어봤답니다. 그 정도로 우리 정원이 자연스럽다고 느꼈다는 이야기죠.

이러한 특징을 전제로 동양의 사의적, 즉 뜻을 나타내는 풍경식 정원의 특징을 대략 살펴볼 수 있어요. 커다란 산이나 호수를 그대로 옮겨놓을 수 없으니 이상화理想化한 자연경관을 줄여서 정원에 조성하고, 거기다 건축물을 부차적으로 넣어요. 이를 '축경縮景'이라고 합니다. 그리고 외국에서는 정원 설계가가 정원을 만들었는데, 우리나라에서는 대개 사대부들이 정원을 만들었습니다. 사대부들이 못하는 게 없었죠. 물론 정치에도 관여하지만, 정신세계를 추구하는 철학자면서, '시詩, 서書, 화畫'를 할 줄 알았고, 그런 사람들이 정원도 만들었습니다. 예를 들어, 우리나라를 대표하는 별서別墅 정원인 담양의 소쇄원瀟灑園은 양산보梁山甫(1503~1557)라는 풍류를 즐길 줄 아는 학자가 만들었습니다. 이제 동양 삼국 정원의 특징을 간단히 살펴보겠습니다.

중국 정원

중국 예술가들이 시와 회화의 법칙을 응용해서 전원적 풍경을 창조했습니다. 정원에 자기 뜻을 집어넣고 상징성을 부여한 겁니다. 자기 자신을 자연의 한 부분으로 여기고, 자연의 질서와 법칙이 인간에게도 적용되고 도움을 준다고 생각했습니다. 영어로 이야기하면 'organic projection of nature upon themselves', 즉 '내게 유기적으로 침투된 정원을 생각하게 되었다'는 겁니다. 그래서 중국 내 유명한 산악 코스, 계곡, 동굴, 폭포 등을 골라 그대로 축소해 정원을 조성했습니다. 또한, 중국 정원은 대비 효과가 상당히 큽니다. 특히 음과 양의 대비를 강조했습니다.

중국과 일본에는 정원 만드는 방법에 관한 고전古典이 한 편씩 있어요. 1634년에 중국의 계성計成(1582~1642)이라는 사람이 『원야園冶』라는 책을 저술했고, 일본은 헤이안平安 시대 말기에 『사쿠테이키作庭記(작정기)』라는 책이 나왔습니다. 반면 미국에서는 모더니즘 시대에 조경가 에크보Garrett Eckbo(1910~2000)가 『The Art of Home Landscaping』(1956)을 펴냈는데, 중국과 일본에서는 이와 비슷한 책이 이미 수백 년 전부터 있었던 거죠. 참고로 『원야』와 『사쿠테이키』는 우리나라에도 여러 번역서가 출간되어 있습니다.

　　일본은 좀 다르지만, 우리나라나 중국의 정원은 대개 통치자의 궁원과 귀족이 만든 정원으로 나뉩니다. 중국의 황실 정원으로는 베이징 근처에 자리한 이궁(별장)으로 '이화원頤和園'이 있습니다. 서태후가 만들었는데, 규모가 아주 큽니다. 땅을 파내서 거대한 호수를 만든 뒤, 이때 나온 흙으로 산을 쌓았습니다. 대담하죠? 오늘날엔 이름난 관광

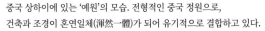

중국 상하이에 있는 '예원'의 모습. 전형적인 중국 정원으로,
건축과 조경이 혼연일체(渾然一體)가 되어 유기적으로 결합하고 있다.

지가 되었습니다. 귀족이 만든 개인 정원 중에는 상하이에 있는 '예원豫園'이 유명합니다. 이밖에도 쑤저우蘇州(소주), 항저우杭州(항주), 양저우揚州(양주)에 벼슬을 그만둔 귀족들이 내려가 만든 개인 정원이 여럿 남아 있습니다. 그중 쑤저우의 사자림獅子林, 졸정원拙政園, 망사원網獅園 등이 잘 알려졌습니다.

일본 정원

일본의 정원 양식은 중국이나 우리나라 백제의 영향을 많이 받았지만, 그 나라의 국민성에 맞게 변화했습니다. 사찰이나 주택같이 제한된 공간에서 주로 조성되는데, 축경 수법을 즐겨 사용하고 확대된 느낌을 주고자 작은 나무를 심었습니다. 또한, 전지剪枝와 전정剪定으로 나무 모양을 가다듬고, 이끼·물·바위를 도입해서 신비감을 주었죠. 중국 정원은 프랑스 정원처럼 화려해서 남한테 보이고 자랑하려는 의도로 읽히지만, 일본에서는 명상과 선禪을 위한 정원이 발달합니다. 특히 '자테이茶庭(다정)'가 그러한데, 절에 만들어진 정원도 마찬가지입니다. 관조와 명상은 사람의 정신을 맑게 하고 자신을 되돌아보게 하죠. 결국에는 득도하게 되는 과정으로 볼 수 있는데, 명상에 쓰이는 공간으로서 정원 양식이 발달하게 됩니다.

앞 절에서 언급했다시피, 헤이안 시대 말기에 정원 만드는 방법을 다룬 책인 『사쿠테이키』가 나옵니다. 헤이안 말기면 서기로 환산해 12세기 말 정도니까 굉장히 오래되었죠. 이후로도 여러 정원 기법들이 만들어졌어요. 무소 소세키夢窓疎石(몽창소석, 1275~1351) 국사國師(나라를 대표하는 승려)가 '잔산잉수殘山剩水(산을 남겨놓고 물을 넘치게 한다)'라는 산수화 기법을 정원에 응용했습니다. 즉, 축경 기법을 써서 자연의 좋은 경치를 정원으로 끌어들이고 재구성한다는 겁니다. 앞서 '사의적 정원'이라고 했었는데, 자연을 그저 모방하는 것이 아니라 사람의 뜻에 따라 모방한다는 거죠. 그다음으로는 '지천회유池泉回遊 양식'이 등장합니다. 간단히 '회유 양식'이라고도 하는데, 연못을 중심으로 산책 공간을 만들어서 사람들이 길을 따라다니며 주변을 관찰하고 명상도 할 수 있는 양식입니다. 교토에 있는 덴류지天龍寺(천룡사)라든가, 난젠인南禅院(남선원), 궁원으로는 가쓰라리큐桂離宮(계리궁)가 이러한 양식을 나타내는 정원으로 유명합니다.

　일본 정원의 대표적 특징 가운데 하나로 '가레산스이枯山水(고산수) 양식'이 있습니다. 마른 산수라는 뜻인데, 『사쿠테이키』에 이 말이 나옵니다. 돌을 세워 폭포를 만든 뒤 모래로 물 흐름을 표현하는 기법으로, 일본의 대표적 정원 양식입니다. 이 방식에는 사람의 뜻이 더 많이 담깁니다. 좀 더 사의적인 거죠. 협소한 공간에 상상만으로 거대한 자연경관을 창조해내는 수법으로서, 선 미학의 결정체라 할 수 있습니다.

일본 교토에 있는 료안지 '이시니와'의 모습. 가레산스이 양식의 대표작으로,
14개의 돌과 갈퀴로 긁어 모양을 낸 모래로 상징적인 대우주 공간을 만들어냈다.

교토에 있는 다이센인大仙院(대선원)의 정원과 료안지龍安寺(용안사)의 이시니와石庭(석정)가 그 대표작입니다. 일본뿐만 아니라 다른 나라에서도 이 기법을 따라하지만, 모방과 형식 답습에서 벗어나지 못해 사유思惟 목적으로 쓰이기보다는 단순히 감상용으로 전락해버리는 측면이 있습니다. 참고로 일본의 현대 정원가인 이사무 노구치野口勇(1904~1988)도 이 양식의 정신을 이어받아 멋진 현대적 정원 작품을 선보인 적이 있습니다.

한국 정원

그러면 우리나라의 정원 양식은 어떠할까요? 우선, 한국에도 정원 양식이 있느냐고 물어볼 수 있겠죠. 우리나라는 중국의 영향을 받아서 신선 사상에 따라 풍경식 정원을 조성하기도 했지만, 뚜렷한 정원 양식이 보이지는 않습니다. 신선 사상을 따랐다는 것은 정원 조형물에 상징적 의미를 부여했다는 거예요. 예를 들면, 네모난 연못인 방지方池는 '천원지방天圓地方(하늘은 둥글고 땅은 네모남)'을 상징합니다. 또한, 유학儒學 같은 여러 전통적 사상의 영향도 받았습니다. 우리는 잘 꾸미지 않는 게 특징이에요. 약간 손만 대고 자연을 그대로 두었습니다. 대신에 대지 선정을 참 잘했죠. 전라남도 담양에 있는 양산보의 소쇄원이나, 경상북도 봉화 닭실마을에 있는 청암정青巖亭은 입지가 참 좋습니다. 전국의 정자亭子는 다 경치가 빼어난 자리에 있어서, 멀리 밖에서 정자를 바라보기에 좋고, 반대로 정자 안에서 바깥 풍경을 내다보는 것도 좋습니다. 우리나라의 정원은 중국처럼 대담하지 않고, 일본같이 뭔가 상징하는 요소도 없이, 자연 그 상태를 보전하면서 약간의 인공미를 더했습니다. 그 때문에 우리 정원이 '순천順天(하늘의 뜻에 따름) 주의'를 따랐다고 말하는 이도 있어요. 이러하니, 앞서 언급했듯이 "그 유명하다는 정원이 도대체 어디에 있느냐?"며 되물어볼 만도 하죠.

전라남도 담양 소쇄원의 모습. 절묘한 자연 계곡을 그대로 살려 정원의 한 부분이 되도록 하였다.
최소한의 인공을 가해 조성한 우리나라의 대표적인 별서 정원이다.

제 대학원 동창 가운데 정영선鄭榮善(1941~)이라는 조경가분이 있
어요. 저보다 한 살 위인데, 조경설계 서안을 운영합니다. 이 정영선 씨
작품 중에서 '희원熙園'(1997)이라는 정원이 경기도 용인에 있는 호암미
술관 앞에 있습니다. 전통건축 양식으로 만든 미술관 앞에 화계花階, 사
각형의 방지, 대나무 숲과 같은 우리나라의 대표적인 전통정원 기법을
모아서 정원을 아주 잘 조성했죠. 이분은 정원을 만드는 데 워낙 조예
가 깊어서, 또 다른 작품인 선유도공원(2002)에도 가보면 참 멋집니다.

희원이 물론 잘 만들어졌지만, "희원처럼 모방하는 것만이 과연
우리 시대에 맞는 전통정원인가?", "우리 시대에 맞으려면 지금의 시대
정신을 반영해야 하는 것 아닌가?" 하고 되물어볼 수도 있어요. 우리가
계승하고 발전시켜야 할 정원 양식을 찾는 과정에서, 여러분들이 스스
로 자문해 보기를 바랍니다. 이게 바로 이 글의 목적이에요. 저는 해답

을 아직 못 찾았습니다. 혹시 제가 찾았어도 알려드리지 않습니다. 여러분들이 직접 찾아보세요. 우리나라 어디든 가서 한번 살펴보든지요. 우리나라의 정원 양식이 과연 무엇인지 항상 관심과 의문을 품고, 결국에는 자기 스스로 체득하는 수밖에 없습니다. 몸소 겪어서 얻어내야 합니다.

모더니즘의 시작

앞서 영국의 풍경식(로맨틱) 조경은 화가들이 그린 풍경화에서 영감을 받았다고 했는데, 모더니즘도 마찬가지로 화가들의 눈에서 출발하죠. 대략 1800년대 말부터 사회 전반에 걸쳐 새로운 변화가 밀려옵니다. 이를테면 아인슈타인의 '상대성 이론'이 1900년대 초에 나왔는데, 이런 새로운 개념이 등장할 수 있는 시기적 상황이 비로소 마련되었기 때문입니다. 오늘날 아날로그 시대에서 디지털 시대로 옮겨가면서, IT 문화가 굉장히 빠른 속도로 우리 사회를 점유합니다. 그런데 그때 당시에도 이에 못지않은 어떤 혁명이 사회 전반으로 번졌는데, 그중 대표적인 것이 바로 인상파印象派, Impressionism 화가들입니다.

여러분이 잘 아는 고흐Vincent van Gogh, 세잔Paul Cézanne, 고갱 Paul Gauguin 같은 인상파 화가들이 자신의 그림을 처음 내놓았을 때는 제대로 평가받지 못했습니다. 우리나라로 치면, '대한민국미술대전' 같은 공모전에서 다 떨어진 셈이죠. 그 당시의 좋은 그림이란 르네상스 시대처럼 어둡고 점잖으면서도 아주 멋지게 그린 그림, 실물과 비슷한 그림이었습니다. 그런데 고흐 그림만 보더라도, '까마귀가 있는 밀밭Wheatfield with Crows'(1890)에서는 밀밭을 누렇게 표현하고, '별이 빛나는 밤The Starry Night'(1889)에서는 밤하늘의 별을 달만하게 그렸죠.

색도 다르게 칠하고요. 사회가 인정을 안 해주니까, 이 사람들은 새로운 것을 만들었어요. "그럼 우리 따로 전람회를 하자!" 해서 '살롱도톤 Salon d'Automne'(1903~)이라는 거리 전시회를 기획했습니다. 우리말로 직역하면 '가을 전展'인데요. 그런데 이 기획전이 센세이션을 일으켰습니다. 대중들이 '이거 이상한데?' 하면서 지켜보다가, 참으로 '새로운 감각'이란 걸 뒤늦게 깨닫기 시작한 거죠.

여기서 새로운 감각의 핵심은 화면畫面에 햇빛이 들어간 겁니다. 그전까지의 그림에서 모든 그림자는 시커멓게 그렸습니다. 그런데 이들 인상파 그림에서는 어떤 그림자는 파랗기도 하고, 어느 건 노랗게도 그리고…. 실제로 자기가 살펴본 그림자의 느낌, 풍경의 느낌을 그대로 적나라하게 표현했습니다. 그래서 보리밭이 누렇고, 별이 달만한 거였죠. 자신이 관찰한 시각에 맞게 그 그림 속에다 생동하는 현장감을 불어넣은 겁니다. 세잔은 평생 스무 번 정도 생트 빅투아르 산Montagne Sainte-Victoire을 그렸는데, 그 그림들이 모두 다 달라요. 왜냐하면, 각기 바라본 시각이 다르고, 계절이 다르며, 산의 빛깔도 다르고, 그때마다 작가의 생각도 다 달라지니까요.

그리고 이제 큐비즘Cubism(입체파)과 포비즘Fauvisme(야수파)이 나타납니다. 큐비즘과 관련해서는 브라크Georges Braque, 피카소Pablo Picasso 같은 천재적인 화가들이 등장합니다. 특히 피카소의 '우는 여인 The Weeping Woman'(1937)을 보면, 한 화면 속에 '동시성同時性'이 들어가 있어요. 한마디로 표현해서, 앞에서 본 모습과 옆에서 본 모습을 한 화면에 다 넣은 거죠. 그래서 눈은 앞에서 본 대로, 코와 입매는 옆에서 본 대로 그렸습니다. 또 컵을 그릴 때도 위에서 본 것과 옆에서 본 것을 동시에 그렸죠. 그런데 사실 그 둘을 동시에 볼 수는 없습니다. 즉, 시간의 개념이 화면에 반영된 겁니다. 그리고 이렇게 그린 컵이 어떤 면에서는 더욱 진실하게 전달됩니다.

한편, 과학 분야에서는 찰스 다윈의 '진화론'(1859)이 나옵니다. 그가 남아메리카의 어느 외딴 섬에 가보니, 환경에 적응하는 생물은 생존하고, 그렇지 못한 건 도태되면서 진화하더라는 겁니다. 그래서 신이 인간을 만든 것이 아니라, 인간이 진화했다는 이론을 발표합니다. 아주 획기적인 생각이어서, 당시에는 거센 비판을 받았습니다.

아인슈타인은 20대 시절에 '특수 상대성 이론'(1905)에 관한 3페이지 가량의 논문을 발표합니다. 이른바 $E=mc^2$, '에너지(E)는 질량(m) 곱하기 속도(c)의 제곱에 비례한다'는 내용입니다. 질량이 시간 함수에 따라 에너지로 바뀔 수 있다는 거죠. 물질이 물질로, 에너지는 에너지로 남는 것이 아니라, 물질이 에너지로 변환할 수 있다는 것을 의미합니다. 이어서 11년 뒤에는 그 이론을 일반화한 '일반 상대성 이론'(1916)도 발표하는데, 요컨대 시간은 절대적인 것이 아니라는 겁니다. 우리가 만약 빛의 속도로 움직일 수 있다면, 그 움직이는 사람의 시간이 정지한다는 거예요. 그래서 시간은 '상대적'이라는 거죠. 이때 당시만 해도 전 세계 과학자들이 뉴턴의 물리학을 철석같이 믿고 있던 시기라서, 아인슈타인의 이 상대성 이론들은 아주 획기적인 변화를 가져왔습니다.

건축에서의 모더니즘

이렇게 과학 분야나 시각예술 분야에서 인식의 변화가 생기면서, 1910~30년 사이에 천재적인 건축가들이 나오기 시작합니다. 건축에서 비로소 모더니즘 양식이 나타난 거죠. 그리고 조경에서도 모더니즘이 생겨납니다. 건축 분야에서 모더니즘이 등장한 배경에는 바로 '기술 발달'이 있습니다. 먼저 '철근 콘크리트reinforced concrete: RC'를 이야기해 보죠. 세로로 세워진 기둥과 가로로 놓인 보에다 슬래브slab를 얹은 게

라멘rahmen 구조인데, 철근 콘크리트가 발명되면서 이 슬래브를 여러 층으로 쌓을 수 있게 되었고, 고층 건물이 가능해졌습니다. 아주 획기적인 발명품이에요. 철골조는 그전에 이미 발달해 있었는데, 파리 '에펠 탑Tour Eiffel'(1889)이 그 대표적입니다. 그런데 철골은 녹이 슬면 망가지고 삭아요. 그래서 고민하던 차에, 철에 콘크리트를 입히는 구조가 발명된 거예요.

1867년 프랑스 파리 근교에서 화원을 운영하던 조제프 모녜Joseph Monier(1823~1906)라는 사람이 커다란 화분을 만들려고 여러 가지 시도를 했습니다. 하지만 흙을 구워 만들 수도, 철골로 할 수도 없었죠. 그러다 궁리 끝에 철사를 엮어 만들고 거기다 시멘트를 붙였더니, 화분이 아주 튼튼한 겁니다. 그는 결국 이 '모녜식 철근 콘크리트 공법'으로 특허를 받았는데, 철근 콘크리트는 바로 여기서 비롯합니다. 콘크리트가 압축에는 굉장히 강하지만, 인장엔 많이 약해서 보로 만들면 그냥 뚝 부러져요. 그래서 그 안쪽에다 인장에 강한 철근을 집어넣은 거죠. 이처럼 철근과 콘크리트가 서로 보완적 역할을 하고, 또 그 둘의 열팽창 계수가 같아서 서로 잘 붙습니다. 콘크리트가 물을 막아주니 녹도 안 슬고요. 그전까지는 조적조로 집을 지으니까 벽에 창문을 내면 모양이 둔탁한데다 건물 내부에 기둥도 많았죠. 그런데 이젠 기둥 없이도 스팬span(기둥과 기둥 사이) 간격이 넓은 건물을 만들고, 창문을 구조체에서 분리해 여러 가지 모양으로 꾸밀 수도 있게 되었습니다. 즉, 건축 디자인의 제한 조건이 많이 사라진 겁니다. 그러던 차에 천재적인 건축가들이 나타나 이 신기술을 이용해 새로운 스타일의 건축을 시작합니다. 우리 주변에서도 쉽게 보는 철근 콘크리트 건물이죠. 이 당시에 만들어진 모더니즘 건축이 오늘날의 도시 경관을 여태껏 휘어잡고 있는 셈입니다.

양식 출현 이후의 전개 상황

아주 천재적인 건축가부터 이야기하겠습니다. '르코르뷔지에Le Corbusier(1887~1965)'라고 있어요. 스위스의 시계방 집 자제인데, 전통적으로 내려오는 건축 교육을 받지 않고 독학했습니다. 그리고 그리스, 중앙아시아, 리비아 같은 세계 여러 나라들을 돌아다니면서 옛날 건물들을 둘러보는 스케치 여행을 한 2년 동안 해요. 그러고 나서 파리에 건축사무실을 개설하고 '빌라 사부아Villa Savoye'(1931), '롱샹 성당 Chapelle Notre Dame du Haut, Ronchamp'(1955)같이 새로운 스타일의 건축물을 만들었죠. 지금도 수많은 사람들이 보고 감탄합니다. 바로크·로코코 양식의 영향으로 장식이 요란하고 고리타분한 기존 건축과는 달리, 장식 없는 순수한 기하학적 구성이었습니다. 그리고 이 사람은 건물을 기둥 위에다 올려놓는 '필로티pilotis'를 모더니즘의 중요 원리로 적극 사용했습니다.

그다음으로 미스 반데어로에Mies Van Der Rohe(1886~1969)를 간단히 설명하겠습니다. 독일 사람이에요. 동시대 활동한 건축가 중에는 조금 뒤의 사람인데, 근대정신을 더욱 발전시켰어요. 독일에 나치 정권이 들어서면서 미국으로 망명한 뒤, 미국 일리노이 공과대학교IIT: Illinois Institute of Technology에서 건축학과장을 하면서 많은 건축가들을 길러냅니다. '유리 마천루摩天樓(하늘을 찌를 듯 높이 지은 건물)' 건축으로 유명해요. 참고로, 우리나라에 제일 먼저 세워진 유리 마천루는 삼일빌딩(김중업, 1970)이에요.

그리고 역시 독일의 발터 그로피우스Walter Gropius(1883~1969). 이 사람은 다른 건축가들에 비해 합리적인데다 다른 이들과 일하는 것도 즐겨하고, 또 교육자이기도 했어요. 독일에 있을 때 정부 투자를 받아서, 시대정신에 맞는 조형 학교인 '바우하우스Bauhaus'(1919)를 독일 바이마르에서 창립합니다. 이곳은 이후 모더니즘의 산실이 되죠. 헝가리의 모호이너지László Moholy-Nagy(1895~1946)라든가, 러시아의 칸딘스키Wassily Kandinsky(1866~1944) 같은 화가들이 먼저 이 학교에 참여했고, 이후에는 실내 장식가, 가구 디자이너들도 가담합니다. '토털 디자인total design'[1]이 바로 이런 거죠. 같은 교육 이념으로써, 활동 영역이 다양한 학생들을 배출하기 시작한 겁니다. 이를 가리켜 우리는 '국제주의Internationalism'라고 하는데, 지역적 개성을 살리기보다는 보편적이면서도 타당한 것, 순수한 형태와 색채, 콘크리트 등 현대적인 재료를 추구합니다. 학교 운영은 잘 되었지만, 나치가 정권을 잡으면서 정부 지원이 막혀버립니다. 그 후 민간 지원을 받아 계속 이어갔지만, 어려움을 미처 극복하지는 못했죠. 이후 그로피우스도 미국으로 망명해서 하버드 디자인대학원Harvard Graduate School of Design: GSD에 정착, 국제주의 정신에 따른 교육으로 많은 후진들을 양성합니다.

이어서 미국의 프랭크 로이드 라이트Frank Lloyd Wright(1867~1959)를 소개할게요. 당시 미국은 그 나름대로 새로운 시대정신을 이어받아 자기네 풍토에 맞는 건축을 시작합니다. 라이트는 시카고를 중심으로 하는 건축가 그룹인 '시카고파Chicago School'의 일원이었고, 일본에서도 작업하면서 일본 영향을 많이 받았죠. 그는 주택을 설계하면서, 가구는 물론이고 주방 집기까지 모두 디자인합니다. 그리고 그것들이 아직껏 그대로 많이 남아 있어요. 그래서 오늘날 그가 디자인한 집들은 라이트의 건축 전시관이 되었습니다. 그의 작품들 가운데는 카우프만 주택Edgar J. Kaufmann House, 이른바 '낙수장落水莊, Fallingwater'(1935)이라는 폭포 위에 지은 저택이 유명합니다. 아마 사진들 많이 봤을 거예

---

1. 다양한 분야를 자유로이 접목해 다른 영역 간의 관계성을 넓히는 디자인

요. 한편 라이트는 미국 뉴욕의 '구겐하임 미술관Solomon R. Guggenheim Museum'(1956)도 디자인했습니다. 참고로 스페인에 있는 '빌바오 구겐하임 미술관Guggenheim Museum Bilbao'(1997)은 미국의 프랑크 게리 Frank O. Gehry(1929~)가 디자인한 겁니다.

위의 네 건축가분들은 제가 1961년에 대학 입학했을 때만 해도 거의 다 살아계셨죠. 이분들의 건축을 바이블처럼 배웠는데, 이제는 그 제자-제자-제자들이 활동하고 있네요.

조경의 현대

조경의 현대에 관한 이야기는 미국 하버드 대학교에서 시작하겠습니다. 하버드에 '디자인대학원'(이하, GSD)이라고 있어요. 이곳의 조경학 프로그램은 1893년에 처음 만들어졌죠. GSD에 조경학과를 만든 사람은 뉴욕 센트럴 파크를 설계한 옴스테드의 아들인 옴스테드 주니어Frederick L. Olmsted, Jr.(1870~1957)예요. GSD 건축학과가 미국 모더니즘의 원조가 되듯이, 조경학과도 마찬가지입니다. 앞에서도 이야기 했지만, '토털 디자인'이기 때문에 건축, 인테리어, 조경 모두 모더니즘 정신의 영향을 받은 거죠. 그 결과, 이 학교 출신의 조경가인 토마스 처치Thomas Church(1902~1978), 가렛 에크보, 제임스 로즈James C. Rose(1913~1991) 등이 1950~60년대 조경계에 모더니즘 작가로서 등장하기 시작합니다.

토마스 처치는 "클라이언트가 요구하는 게 도대체 무엇인지, 그가 어떤 성격인지를 잘 파악해야 하며, 재료는 무얼 써야 하고, 시공 기술은 어떠해야 한다"는 조경 이론을 바탕으로, 순수한 예술 작품을 만들려고 했어요. '도널 가든Donnell Garden'(1948)이 그 대표작인데, 순수한 형태에 단순한 재료들로 만들어졌죠. 앞서 잠깐 등장한 가렛 에크보는 『The Art of Home Landscaping』(1956)이라는 책을 펴냈는데, 모던한 스타일로 수백 개의 주택 정원을 만들었어요. 저는 개인적으로 이분을 만난 적이 있습니다. 제임스 로즈도 마찬가지로 정원 디자인을 많이 했어요. 이 사람들은 주로 캘리포니아에서 활동했기 때문에, 묶어서 '캘리포니아 학파'라고도 합니다.

1950년대부터는 로렌스 핼프린Lawrence Halprin(1916~2009)이 점점 두각을 나타내는데, 토마스 처치 밑에서도 일한 적 있죠. 이 사람도 처음에는 주로 정원을 만들었지만, 나중에는 활동 영역을 넓혀 공원, 광장, 상업시설 같은 도시 단위 공간으로 확장해 나갑니다. 자연경관 속 폭포를 잘 눈여겨보고, 그 특성을 이용한 인공 폭포를 콘크리트로 구현하기도 했습니다. 한편, 역시 앞서 잠깐 나온 이사무 노구치도 모더니즘 작가 가운데 한 명으로 살펴보아야 합니다. 일본계 미국인인데, 단순하면서도 관조적인 일본의 조경 양식을 창의적으로 재해석해 현대화했어요. 즉, 모방이긴 한데, 그대로 따오지는 않으려 한 태도로써 작업한 조경가입니다.

이 밖에 모더니즘과 관련해서는 멕시코의 루이스 바라간Luis Barragán(1902~1988)과 브라질의 호베르투 부를리 마르스Roberto Burle Marx(1909~1994)도 함께 주목해야 합니다. 이 사람들은 모더니즘 양식을 자기 나라 풍토에 맞게 바꿨어요. 형태적으로는 아주 순수해서 모더니즘 특징이 보이지만, 재료나 색을 사용하는 데서는 풍토적 색깔이 강합니다. 건축가이기도 한 루이스 바라간은 멕시코 지역의 색채인 강렬한 원색을 사용했어요. 부를리 마르스는 원예 쪽으로 조예가 깊어서, 브라질을 비롯해 중남미에서 나는 다양한 초화류를 써서 굉장히 다채로운 작품을 즐겨했어요. 모더니즘 패턴에다가 자기 풍토적인 특징을 입힌 거죠.

1960년대에는 SWASasaki, Walker and Associates(1957~1973), EDAWEckbo, Dean, Austin and Williams(1964~1973), WMRTWallace McHarg Roberts & Todd(1963~1979), 현 WRT(1980~) 같은 대형 조경 회사들이 협업 방식으로 설계사무소를 운영합니다. 직원이 몇백 명씩이고 해외에 지점도 두면서 전 세계적으로 활동하죠. 조경 영역이 상당히 커져 리조트 개발이나 생태 보존 계획들도 여럿 하는 데 반해, 예술성은 다소 떨어진다는 평을 들었습니다.

한편, 1980년대의 중요한 사건으로 '라빌레트 공원La Parc de la Villette'(1987)이 있습니다. 프랑스 파리에 있는 작품인데, 옛날 도축장이었던 곳을 공원으로 바꾸는 현상설계(1982)에서 스위스 출신의 건축가인 베르나르 추미Bernard Tschumi(1944~)가 당선해서 만들어졌습니다. 이곳은 뉴욕 센트럴 파크와는 개념이 전혀 달라요. 센트럴 파크는 울타리를 둘러서 내부는 공원, 바깥은 도시로 구분이 명확한 데 비해, 라빌레트 공원에서는 공원 안으로 도시가 슬그머니 들어옵니다. '폴리folly'라는 구조물의 개념도 재미있는데, 일정한 간격으로 배치되어 어느 것은 약국이 되고, 어디서는 판매소가 됩니다.

또 1980년대 이후로는 역시 GSD 출신인 피터 워커Peter Walker를 중심으로 조경의 예술성을 추구하는 작품들이 많이 나옵니다. 즉, 정원을 하나의 예술 작품으로 보는 거죠. 피터 워커는 앞서 언급된 앙드레 르노트르가 만든 베르사유 궁원이나 보르비콩트 정원에서 영감을 많이 받았어요. 피터 워커의 제자이자 동료였던 여성 조경가 마사 슈워츠Martha Schwartz(1950~)도 활발히 활동했습니다. '베이글 가든Bagel Garden'(1979)이라는 작품으로 명성을 얻었는데, 정원에 베이글 빵을 쭉 깔아놓은 임시 설치미술 작업이었죠. 대학원에서는 조경을 전공했지만, 대학에서 조형예술plastic arts을 전공해서 그런지 색다른 작품을 만듭니다. 캐서린 구스타프슨Kathryn Gustafson(1951~), 마이클 반 발켄버 그Michael Van Valkenburgh(1951~), 로리 올린Laurie Olin(1938~) 등도 이 당시 주목받던 세계적인 조경가들입니다. 그중 로리 올린은 나중에 유펜UPenn(펜실베니아 대학교)을 중심으로 활동했어요. 이들은 '옴스테드 스타일', 말하자면 영국에서 기원한 옴스테드의 양식을 재해석한 디자인 언어를 개발해 자신들만의 작품 세계를 구축했습니다.

2000년대 들어와서는 유펜 출신인 제임스 코너James Corner(1961 ~)가 '프레시킬스 파크Freshkills Park', '하이라인The High Line'과 같은 작품을 선보입니다. 하이라인은 뉴욕 시내를 관통하던 고가철로의 폐선이 시민공원으로 탈바꿈한 겁니다. 공원이 공중에 떠서 시내 한복판을 관통하니 얼마나 멋있겠어요. 한편, 코너의 영향을 받은 찰스 왈드하임Charles Waldheim이 '랜드스케이프 어바니즘Landscape Urbanism'을 제창합니다. 간단히 말하면, 단순히 점이나 면적인 조경이 아니라 도시 전체의 골격에 영향을 주는 조경이라는 겁니다. 도시를 관통하는 하이라인이 바로 그러한 사례겠죠.

양식의 해석과 수용, 온고창신

그렇다면, 오늘날 우리는 어떻게 양식을 만들 것인가? 그런 측면에서 양식의 해석과 수용을 고민해볼 수 있습니다. 국제주의는 모더니즘의 산실인 바우하우스에서 시작했다고 할 수 있는데, 지역적 개성을 살리기보다는 보편적이고 타당한 것, 순수한 형태와 색채를 추구합니다. 이런 국제주의와 대립되는 개념으로 '지역주의Regionalism'가 있어요. 여기에는 국제적 감각이 반영되지 않은 채, 그 지역의 풍토나 전통만 살아있는 거죠. 지역주의로만 작품을 해서는 외국 사람들한테 호응을 못 받아요. 관광객들은 호기심으로 지켜보기는 하겠지만, 작품성으로는

서울 선유도공원의 중심부 모습.
기존의 상수도 수조를 보전하고 수생식물을 심어서 대상지의 역사성을 살렸으며,
모더니즘 양식으로 기하학적·입체적 공간을 구성했다.

인정받기 어렵습니다. 그러나 루이스 바라간(멕시코), 호베르투 부를리
마르스(브라질), 안도 다다오(일본) 같은 작가의 작품들은 지역적 특색이
강하면서도 작품성이 뛰어납니다.

안도 다다오安藤忠雄(1941~)는 정규적인 건축 교육을 받지 않았어
요. 젊은 시절엔 권투선수였는데, 예술적 감각이 뛰어나서 건축 일에
뛰어들었습니다. 유럽을 여행하며 유명한 작품들을 찾아서 보고, 사람
들을 만나 대담도 하고 스케치도 합니다. 이후 일본으로 되돌아가 자신
의 작품 활동을 시작합니다. 처음에는 오사카에서 20~30평짜리 작은
집부터 작업했습니다. 이 사람 머릿속에는 '일본적 감성을 현대적 재
료와 공간으로 만든다'는 생각의 틀이 박혀 있었어요. 다시 말하면, 순
수한 지역주의가 아니라 현대적 감각이 반영된 거죠. 모더니즘을 지역

주의와 결합시킨 것이라 할 수 있습니다. 이를 '비판적 지역주의Critical Regionalism'라고 해요. 제가 아주 좋아하는 개념인데, 우리가 가지고 있는 감성을 표현하되 그 표현 언어는 국제적이어야 한다는 거죠. 그래서 우리의 전통적인 조경 양식을 '전통성'이라고 명명한다면, 오늘날 이 시대에 우리가 가져야 하는 조경 양식은 무엇인가? 그게 바로 '한국성'입니다. 조경 양식은 양면성이 있어야 합니다. 우선, 개성이 있어야 하고, 세계적 보편성도 갖추어야 합니다.

　　이 양식론에 대한 글을 마치면서, '우리 시대의 한국성은 무엇인가?'라는 화두를 던져볼 수 있겠습니다. 그 작은 실마리로는 우선 세계적으로 인정받은 '선유도공원'과 '서서울호수공원'(최신현, 2009)이 있습니다. 이 작품들의 특징은 우선 대상지 파악이 잘 되어 있다는 겁니다. 대상지가 가진 무언가를 'site-specific(장소 특수성)'이라고 하는데, 두 공원의 조경가들은 바로 이 점을 찾아내서 설계에 반영했습니다. 선유도공원에서는 '정수장'이라는 특성을 잘 활용했고, 서서울호수공원에서는 김포공항으로 이착륙하는 비행기의 소음이라는 약점을 '분수噴水'라는 강점으로 받아들여 활성화했습니다. 그런 의미에서, 저는 한국성과 관련해 '온고창신溫故創新'이라는 말을 써요. '옛것을 익혀서 새로운 것을 창조한다'는 뜻인데, '온고지신溫故知新(옛것을 익히고 그것을 미루어서 새것을 앎)'과 '법고창신法古創新(옛것을 본받아 새로운 것을 창조함)'을 결합한 말입니다.

고정희

정원 양식, 한정판의 묘미

센네페르 시장의 포도밭

과거에는 한 시대를 풍미했던 경향에서 크게 벗어나지 않았었다. 르네상스 시대에는 르네상스풍으로만 정원이 조성되었고, 바로크 시대에는 바로크풍의 정원만 조성되었다. 이는 관습을 따라야 한다는 사회적 규범이나, 정원을 만들어 가질 수 있는 계층이 한정되었다는 점 외에 지리적 한계에도 기인한다. 이슬람 정원은 오리엔트Orient[1]에, 르네상스 정원은 이탈리아에, 바로크 정원은 프랑스와 그 인접 국가들에 국한해서 조성되었던 까닭에, 유사한 문화적 배경이 양식의 고수固守를 가능케 했던 것이다. '풍경화식 정원'의 경우, 영국과 유럽 대륙 일부에 국한했던 시기를 벗어나 미대륙을 거쳐 아시아에 전해지고, 급기야 전 세계 공원의 양식으로 굳어지는 과정을 거치면서 양식의 묘미도 사라져 갔다.

---

[1]. 해가 뜨는 곳이라는 뜻으로, 보통 고대 이집트·메소포타미아 지역을 말한다.

이슬람의 사분원四分園, Charbagh[Chahar Bagh], 르네상스의 노단식 정원, 바로크의 평면기하학 등은 지리적 '한정판'이기 때문에 특히 묘미가 있다. 고대 이집트의 정원은 또 어떠한가. 지리적인 절대 한정판일 뿐 아니라, 그 의미로 보아도 유일무이하다. 지금까지 고분벽화를 통해 알려진 고대 이집트의 정원은 현세現世의 정원이 아니라, 내세來世로 가지고 갈 정원이었다. 내세에서 비로소 본격적인 삶이 시작한다고 믿었던 이집트인들은 물고기 연못을 비롯한 갖가지 과일나무와 약초를 무덤 벽에 그렸고, 이것을 내세로 가져갈 수 있다고 믿었다. 그들은 내세에서도 정원을 열심히 가꾸어 먹고, 나무 그늘에서 한가로이 쉬는 삶을 고대했다. 이슬람이나 기독교의 파라다이스와 달리, 이집트의 내세는 일을 해야 수확할 수 있는 속세의 삶이 백만 년 동안 지속하는 곳이었다.

실제 정원도 벽화의 정원과 흡사하지 않았겠느냐는 추측은 지극히 논리적이다. 그러나 짐작만 할 뿐, 이를 입증할 증거를 오래도록 찾지 못했었다. 찾지 못했다기보다는 구태여 찾으려 하지 않았다고 보는 편이 옳을 것이다. 이집트 고분에서 발견된 유산이 너무 엄청나다 보니, 정원에 대한 연구는 소홀했었다. 그러다가 수년 전 '아마르나Amarna'라는 도시의 재현 작업이 끝나면서, 비로소 실존했던 도시의 주택과 정원에 대한 전모가 밝혀졌다. 아마르나는 파라오 아크나톤 Akhenaton[2]이 건설한 계획 신도시였다. 그는 조상들의 복잡한 다신교를 폐지하고, 태양신 아톤Aton만을 모시는 유일 신앙을 도입했다. 새로운 종교에 걸맞은 새로운 수도가 필요했다. 그래서 탄생한 도시가 아마르나인데, 아크나톤 사후에 구종교가 부활하면서 아마르나는 잊혔다. 말

---

2. 아케나톤(Akhenaton), 혹은 아멘호테프 4세(Amenhotep IV)라고도 불린다.

하자면, 잠깐 반짝하다 스러진 도시였다. 그렇다고 도시를 철거하거나 파괴한 것은 아니어서, 이후에도 사람들이 살았던 흔적이 있다. 이 도시가 발견된 것은 나폴레옹 시대였으나 1980년대에 이르러서야 발굴 작업이 본격화했으며, 현재는 어느 정도 마무리되어 영국 케임브리지 대학교에서 3D 모델로 재현하여 공개하고 있다.

이 과정에서 57개소의 궁전, 신전 및 주택 정원이 재구성되었다. 여기엔 식물고고학이 이바지한 바가 크다. 그 덕에 오랫동안 품어왔던 의문이 풀리게 되었다. 고분벽화의 정원이 순수한 상상력의 산물이었을까, 아니면 실존했던 정원을 모델로 삼았을까. 결론은 이러하다. 물론 실존했던 정원을 모델로 삼긴 했으나, 이를 이상화한 것이었다. 사실 누구라도 그러지 않았을까. 내세에 정원을 싸서 갈 수 있다면, 최고로 디자인해서 가져가고 싶지 않았을까? 벽에 그리는 것이니 공사비가 드는 것도 아니다. 다만, 본인이 직접 그린 것이 아니라 전문가에게 의뢰했고, 벽화 전문가들은 고객의 의도를 물론 반영했겠으나 일정한 도식圖式을 따랐다. 인물 표현법, 식물 표현법 등이 통일되어 수천 년 동안 변하지 않았던 것처럼, 정원을 그릴 때도 일정한 패턴을 따랐다. 정원 중앙에 사각형의 연못을 두고 그 주변에 돌무화과나무, 종려나무, 대추야자 등을 돌려가며 심었으며, 그 하부에 꽃과 약초를 심었다. 그뿐 아니라 신을 모시는 사당chapel을 반드시 포함하였다. 실용성, 장식성 및 종교성의 삼위일체가 된 이상적 정원이었다. 일정한 패턴을 따랐으니 감히 고대 이집트의 정원 양식이라고 할 만하다. 3D 모델로 재구성한 아마르나 시의 57개소 정원에도 어디나 연못과 사당이 있다. 즉, 벽화 정원은 실존했던 정원 양식에 기초하고 있다는 사실이 입증된 것이다.

그런데 그 틀을 깬 용감한 인물이 있었다. 테베Thebae 시장을 역임했던 '센네페르Sennefer'라는 고위 관리였다. 그 역시 정원을 하나 근

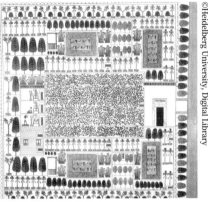

(왼쪽부터) 고대 이집트의 테베 시장이자, 아문 신전의 포도밭을 총괄했던 센네페르가 내세로 가져간 '포도밭 정원'의 벽화 / 로셀리니 교수가 '포도밭 정원'을 옮겨 그린 채색도면(1832)

사하게 그려서 내세로 떠났다. 상당한 재산가였으므로 생시에도 물론 정원을 소유했을 것이나, 그 정원이 어떠했는지는 알지 못한다. 아마르나가 아닌 테베에서 살았기 때문이다. 다만, 아마르나에서 발굴한 정원의 흔적으로 미루어 보아 센네페르 시장의 테베 정원도 유사했을 것으로 짐작할 뿐이다. 그가 내세로 가지고 간 정원, 즉 무덤에 그린 정원은 검게 그을어 거의 알아보기 힘든데, 다행히도 1832년 무덤 발굴팀의 일원이었던 이탈리아의 로셀리니Ippolito Rosellini(1800~1843) 교수가 그걸 종이에 옮겨 아름답게 채색한 것이 지금까지 전해진다. 서양 정원사 책에 자주 등장하는 정원으로서, 일명 '포도밭 정원'이라고 한다. 그렇게 불리는 이유는 정원 중앙에 연못 대신 커다란 포도밭을 두었기 때문이다. 중앙에 포도밭이 있는 유일한 케이스다. 그뿐이 아니다. 그의 무덤에는 자손들이 제사를 지내기 위해 조성된 방이 한 칸 있는데, 이 방의 천장도 온통 포도 덩굴로 장식했다. 그의 여러 직책 가운데 하나가 '아문Amun 신의 포도밭 지킴이'였다. 즉, 아문 신전에 속한 거대한 포도밭을 관리하는 일이 그의 업무 중 하나였다. 물론, 그의 높은 직책을 자랑하고 싶어 포도밭을 그렸을 수도 있다. 혹시, 와인을 너무 좋아했던 건 아닐까? 그래서 "내세에서도 와인을 실컷 마실 수 있도록 커다란 포도밭을 그려서 가지고 간 것은 아닐까?"라는 해석도 충분히 가능하다.

　양식의 틀을 깨는 데는 반드시 높은 개혁 정신이 뒷받침해야 하는 건 아니다. 센네페르 시장의 포도밭 정원은 일상성이 개혁을 불러일으킬 수 있음을 시사하기에 더욱 호감이 간다.

양식에 대한 오해

얼마 전 사석에서 베를린의 '세계 정원Gärten der Welt'에 대한 토론이 벌어졌다. 베를린 세계 정원이란 베를린 시 동쪽 외곽에 위치한 거대한 공원인데, 전 세계 거의 모든 정원 양식을 재현해 놓아 유명해진 곳이다. 그중 '기독교 정원Christlicher Garten'이 비판대에 올랐다. 비판하는 이의 변辯을 들어 보니, 기독교 정원이 약초원藥草園의 형태로 만들어지지 않아서 양식에 충실하지 않다는 주장이었다. 그런데 이는 대단히 터무니없는 주장이며, 기독교 정원과 중세 정원을 동일시하는, 양식에 대한 몰이해의 산물이다.

　본래 '기독교 정원'이란 양식은 없다. '이슬람 정원'이 있다고 해서 기독교 정원이나 불교 정원도 있으란 법은 없다. 그러나 인간의 사고 체계란 것이 그래서, 이슬람 정원이 있으니 기독교 정원도 있겠다고 무의식적으로 구색 맞춤을 하게 된다. 종교와 관련한 정원 양식은 이슬람 정원이 유일하다. 오리엔트 지역의 정원을 모두 포괄해서 '이슬람 정원'이라 부르는데, 거기에는 그만한 이유가 있다. 우선, 오리엔트 지역뿐 아니라 북아프리카 등 이슬람 권역에서 만드는 정원은 디테일에 다소 차이가 있다고 하더라도 모두 사분원의 원칙에 입각한다는 점,

스페인 그라나다에 있는 알람브라 궁전의 별궁, 헤네랄리페의 정원.
후대에 만든 것이지만, 이슬람 정원의 양식을 충실히 재현했다.

그리고 그 원칙이 코란Koran에 기인한다는 점으로 인해 '이슬람 정원'
이라 불릴 수 있는 것이다. 그러나 엄격히 말하자면, 이 역시 온전한 이
론이 아니다. 사실은 이슬람이라는 종교가 시작되기 훨씬 전, 이미 페
르시아 시대에 사분원의 원칙이 시작되었기 때문이다. 후일 종교성을
입혀 코란에 입각한 것이라 주장했고, 이것이 그대로 정설로 굳어졌다.
정작 이슬람 정원에서 가장 중요한 요소는 물인데, 그 점이 종종 간과
된다.

　위의 기독교 정원 비판론에서 중세의 약초원이 곧 기독교 정원
이라는 주장은 어떤 면에서 흥미롭다. 중세 정원은 수도원修道院의 약
초원이고, 중세는 기독교가 지배했던 시대니, 약초원은 곧 기독교 정
원이라는 등식이 사람들 머릿속에 새겨진 것이다. 약 10여 년 전부터
불어온 '중세 리바이벌' 붐 덕분에 생긴 오해라고도 할 수 있다. 중세
의 약초원에 대한 동경이 유럽 전역에 전염병처럼 도져, 사방에서 약

독일 아헨 시 외곽의 멜라텐(Melaten)에 조성된 카롤루스 대제의 약초 정원.
그가 내린 칙령 내용 중 '황제령(皇帝領) 토지에 심고 길러야 할 유실수, 약초 및 채소 목록'에 따라
충실히 조성하였다. 그간 재현된 중세 약초원들의 원조 격이다.

'베를린 달렘 식물원(Botanischer Garten Berlin-Dahlem)'에 있는 약용식물 정원.
중세 때 실제로 쓰였던 약용식물을 의약적 기준으로 구성해, 나름의 현대식으로 재해석하였다.
내용 면에선 으뜸가는 약용식물원이라 할 수 있다.

스페인 말라가의 산마루 요새인 '알카사바'에 조성된 약초원

초원 재건 운동이 일어났다. 독일 아헨에 조성된 카롤루스 대제Carolus Magnus(742~814)의 약초원으로부터 시작해 각 도시의 식물원에 중세 약초원이 없는 곳이 없게 되었고, 심지어는 스페인 말라가에 있는 산 정상의 요새 궁전인 알카사바Alcazaba de Málaga에도 약초원이 조성되었다.

수도원의 약초원이 중세를 대표했던 정원인 것도 사실이고, 중세에 기독교가 지배적이었던 것도 사실이다. 하지만 약초원은 순전히 실용적인 목적으로 만든 것이지, 종교성에 기인한 것이 아니었다. 성서에 나오는 에덴동산을 재현한 것은 오히려 이슬람 정원이다.

그런데도 베를린 세계 정원을 찾는 방문객들이 "'이슬람 정원'은 있는데, 왜 '기독교 정원'이 없느냐?"고 다그치자, 일단 이슬람 정원의 이름을 '오리엔트 정원Orientalischer Garten'으로 바꿨다. 그런데도 성화가 그치지 않기에, 베를린 시에서 급기야는 기독교 정원을 만들기로 하고 현상공모를 실시했다. 기독교 정원이란 것이 본래 없는 것이어서 전혀 새로 만들어야 했다. 이때 당선되어 구현된 작품을 걸작이라 평할 수 있는 이유는 일반적 편견, 즉 기독교-중세-약초원으로 이어지는 고정적 틀을 버리고 기독교 정원을 새롭게 정의했기 때문이다.

신약성서 요한복음에 "태초에 말씀이 계셨으니"라는 문구가 있는데, 이 문구를 기독교의 핵심으로 보고 이를 형상화한 것이다. 말씀, 즉 성서의 문구로 이루어진 커다란 큐브cube를 만들어 세우고 이를 기독교 세계로 정의했다. 결국 기독교의 세계를 큐브 안에 가둬 둔 형상이 되었는데, 이는 종교의 족쇄에서 벗어나려 애쓰는 서구인들의 이념을 반영한 것으로 해석이 가능하다. 그런데도 큐브에 새겨진 '말씀'들이 바깥세상에 투영되게 함으로써 결국 서구 사회는 기독교 정신에서 완전히 벗어날 수 없음을 표현한 점 역시 절묘하다. 이 기독교 정원이 일회성으로 그치지 않고 다른 곳에서 계속 모방한다고 가정한다면, 이

베를린 동부 외곽의 '세계 정원' 내에 조성된 '기독교 정원'.
존재하지 않던 양식을 21세기 이념으로 창조하였다. 기독교 세계를 말씀으로
이뤄진 큐브 안에 가두었으나, 그 말씀이 바깥세상에 투영되게 하여 서구 사회가
기독교의 사상에서 결코 자유로울 수 없음을 시사한다.

©고정희

chapter 2 - 양식론

로써 여태 없던 새로운 양식이 탄생할 것이다. 그러나 지금 우리의 시대는 과거와 달라서, 일정한 틀을 반복하는 것도 모방하는 것도 허용하지 않는다. 열이면 열 서로 다른 것, 남과 차별화한 것을 요구한다. 그러므로 베를린의 기독교 정원이 일정한 양식으로 굳어질 가능성은 거의 없다고 보아야겠다.

프랑수아 1세의 전리품, 이탈리아 르네상스 정원

21세기에 와서 새로 만들어 낸 기독교 정원은 양식론적인 관점에서 보면 예외에 속한다. 일반적으로는 후세에 가서 과거를 되돌아볼 때, 비로소 지나간 시대의 윤곽이 잡히고 양식에 대한 견해도 갖출 수 있게 된다. 예를 들어, 16세기를 살았던 이탈리아 예술가들에게 "내 작품은 르네상스풍이야!"라는 자각이 있을 수 없었다. '르네상스'라는 개념 자체가 19세기에 와서야 비로소 만들어졌다. 그러므로 양식이라는 것 자체가 과거 지향적 성격의 개념이어서, 새로운 양식을 만들겠다는 뚜렷한 의도로 만들어진 양식은 본래 없다고 보아도 되겠다. 한 시대의 사회정치적, 이념적, 자연환경적 배경하에 서서히 오랜 세월에 걸쳐 형성된 것이므로, 시대상이 변하면 양식도 따라서 변해갔다. 그런데 반드시 그런 것만은 아닌 것 같다. 예를 들어 르네상스 정원에서 바로크 정원이 되어가는 과정을 보면, 순전히 지리자연적 여건이 달라짐으로써 변화가 시작되었다가 후일 정치적 이념을 덮어씌워 완성되었다.

프랑수아 1세François Ier(1494~1547) 왕은 프랑스 역사에서 높이 평가받는 매우 중요한 인물로서, 르네상스 문화가 프랑스에 자리 잡게 하는 데 큰 역할을 했다. 메디치가의 딸 카테리나Caterina de'Medici를 며느리로 삼아 이탈리아와의 관계를 확고히 했으며, 레오나르도 다빈치를 초대해 궁전을 하나 내주고 살게 한 것으로 유명하다. 또한, 미켈란젤로, 티치아노, 라파엘로 등의 작품을 사들여 후일 루브르 박물관의 기초를 다진 인물이기도 했다. 그리고 건축에 관심이 많아 성을 짓는 것이 취미였다. 당시에는 왕이 파리를 수도로 삼고 들어앉았던 것이 아니라, 루아르Loire 지방에 있는 여러 성을 떠돌아다니며 통치하던 시절이었고, 프랑수아 1세는 루아르의 마지막 떠돌이 왕이었다. 그 와중에 중세의 성이 르네상스 궁전으로 발전하는 데 크게 공헌하게 된다. 앙부아즈 성Château d'Amboise, 블루아 성Château de Blois, 샹보르 성Château de Chambord의 개축과 신축을 몸소 지휘했는가 하면, 중세풍의 침침했던 루브르 성Château du Louvre을 르네상스풍 궁전으로 환하게 변신시킨 장본인이었다. 파리 시청사, 마드리드 성Château de Madrid, 퐁텐블로 궁전Château de Fontainebleau 등 프랑스 유명한 성과 궁전 중 그의 이름과 결부하지 않은 곳이 거의 없다고 해도 과언이 아닐 정도다. 물론 짬짬이 전쟁도 치렀는데, 이탈리아로 원정遠征을 가서 그곳의 아름다운 정원을 보고 매우 부러워했다고 한다. 부러워한 데 그친 것이 아니라, 이탈리아 정원예술가를 프랑스로 데려왔다. 그리고 루아르 지방에 있는 그의 궁전 곳곳에 정원을 조성하게 했다.

　　르네상스 정원은 이탈리아 토스카나의 산지에서 발생했으므로 지형을 이용하여 테라스가 연속되는 방식을 썼고, 이를 중심으로 계단, 분수, 그로타grotta(인공적인 암굴) 등의 장식적 요소들이 연이어 고안되어 그것이 곧 특징으로 굳어졌다. 그런데 프랑수아 1세의 궁전들은 대개 평원에 위치했으므로, 연속하는 테라스 방식을 적용할 수 없었다. 르네상스 정원을 평지에 지어 놓으면 세상없이 지루해진다. 연속 테라스의 오르고 내리는 묘미 없이, 오로지 사각형의 파르테르parterre(장식화단)들만 나열되기 때문이다. 실제로 루아르 지방에 가면 이렇게 지루한 정원들을 여러 곳에 복원해 놓았다. 양식에 대한 기본적 이해 없이 형태만

이탈리아 로마 근교의 티볼리(Tivoli)에 있는 '빌라 데스테'의 정원.
르네상스 정원의 걸작으로, 티볼리의 산지 지형을 이용해 수십 개의 분수와 폭포를 조성하였다.
정원 어디에서나 장관이 펼쳐진다.

을 모방할 때 이런 결과가 나타나는 것이다.

　이후에 르노트르라는 인물이 나타나면서 상황이 달라진다. 그는 연속된 테라스의 묘미를 충분히 이해했으나, 파리 주변의 지형에는 대입할 수 없음을 알았다. 그래서 연속 테라스의 윤곽을 평면에 그대로 옮기는 대신, 이를 다림질하듯 펴서 길게 잡아 늘였다. 그러자 르네상스의 정사각형 파르테르가 아닌, 긴 장방형의 파르테르가 나타났다. 이에 다시금 자신이 세운 원칙에 따라 접고 펼치고 밀고 당기는 등, 전혀 새롭게 공간 다루기 기법을 적용하였다. 이렇게 해서 탄생한 것이 '바로크 정원'이다. 이 무렵 프랑수아 1세는 이미 죽고 없었고, 그의 후손인 루이 14세가 절대 군주가 되어가고 있었다. 르노트르와 루이 14세는 왕권의 절대성을 공간으로 표현할 수 있다고 보고, 이를 베르사유 궁전에 구현했다. 절대 군주의 위세를 끝없이 긴 공간으로 하염없이 펼

바로크 정원의 대명사인 베르사유 궁전의 중앙축에서 바라다본 정원의 모습.
가령 '빌라 데스테' 정원의 높낮이를 죽 잡아당겨 평면으로 만든다면, 이러한 형상이 나올 것이다.
귀족들의 유희 공간에서 절대 왕권을 상징하는 장소가 되었다.

쳐 보인 것이다. 이 정원에서 절대 왕의 권력보다 오히려 정원사의 끝
없는 위력이 돋보이는 것은 아마도 내 직업병인 듯하다.

이후 18세기 말, 세상이 다시 크게 변한다. 사람들은 신과 신을
대변하는 절대 군주의 의지대로 모든 것이 이루어진다는 믿음을 버렸
다. 그 대신, 인간의 이성으로 세상을 만들어 가야 한다는 '계몽사상'이
싹텄다. 처음으로 정원 양식에 '의식적'인 개혁이 일어난 것이다. 달라
진 상황에 따라 그에 적응하기 위한 해법을 찾아낸 것이 아니라, 처음
부터 새로운 정원 양식을 만들겠다는 분명한 의도로 접근했다. 그렇게
해서 탄생한 것이 바로 '풍경화식 정원'이다. 그러므로 풍경화식 정원
을 두고 '혁명 정원'이라고도 일컫는다.

일단 의식이 깨어나면 돌이키기 어렵다. 의식적으로 새로운 것을
만드는 시대의 막이 올랐고, 그 막은 다시 내려질 기미가 보이지 않는

다. 무의식적으로, 자연스럽게 시대에 적응하던 시절은 영원히 과거에 속하게 되었다. 20세기의 개인주의·민주주의·국제주의 및 산업 시대의 산물인 모더니즘 정원 내지 조경은 그런 이유로 인해 일정한 양식, 즉 틀을 만들지 않았다. 틀을 만든다는 것 자체가 모순이기 때문이다. 그러므로 모더니즘 시대는 '양식 상실의 시대'라 할 수 있다. 양식을 상실한 대신에 얻은 것은 무엇이든 창조해도 좋은 자유로움일 것이다. 그것이 꼭 좋은 것인지는 역시 각자가 판단해야 한다.

이규목·김아연

chapter 3

조경구성론

미적 대상이 되는 물체 사이를
공간으로 짜기

풍경의 아름다움을
해부하다

이규목

미적 대상이 되는 물체 사이를 공간으로 짜기

'조경구성론'은 조경이라는 대상을 어떻게 아름답게 만들 수 있느냐를 다룹니다. 조경 공간에서 미적 대상이 되는 물체들 사이가 공간으로 잘 짜여 있으면, 즉 구성이 잘 되어 있으면 아름답고 즐거운 공간이 되지만, 그렇지 않으면 물체들의 나열에 지나지 않습니다. 예를 들어, 내 앞에 어떤 마당이 있는데, 거기에 잔디밭이 있고 바윗덩어리, 연못, 어린이 놀이기구, 벤치가 있다고 합시다. 사물들을 마당에 그냥 놓으면 구성이 아닙니다. 서로 엮고 연관 지어서 하나의 일관된 주제나 성격이 나타나고 전체적으로 아름다움이 느껴질 때, 구성을 한다고 합니다. 조경구성론은 그러한 공간을 만드는 데 적용되는 원리에 관한 겁니다.

조경 공간을 구성한다는 것

조경 공간 구성의 특징을 네 가지로 설명할 수 있습니다.

첫째는 공간으로 해석하는 거예요. 제가 1장에서 설명한 '환경,

경관, 장소'에서 공간을 기억해 봅시다. 조경을 공간으로 해석한다는 이야기는 조경을 자연과 인간을 포함하는 3차원 공간으로 본다는 겁니다. 같은 조형예술에 속하지만, 회화는 3차원으로 표현하더라도 근본적으로는 2차원이죠. 조각도 입체이긴 하지만, 그 안에 비어 있는 공간이 없어요. 보통 조각은 대상화해서 거리를 두고 감상합니다. 물론 그렇지 않은 조각도 있죠. 알렉산더 칼더Alexander Calder(1898~1976)의 '플라밍고Flamingo'(1974)같은 경우는 조각 속으로 사람이 들어가기도 하지만, 보통은 조각 안으로 사람이 들어갈 수 없어요.

그렇다면 건축과 조경이 다른 점은 무엇일까요? 건축은 수직적인 요소가 많은 데 비해, 조경은 대체로 수평적 요소가 강하다는 겁니다. 평면적으로 펼쳐져 있다 보니, 건축과 비교해 규모가 클 수 있어요. 반면 건축물 크기는 한계가 있죠. 또 다른 점은, 조경은 형태에 대한 느낌 즉 형태감을 느끼기 어렵다는 겁니다. 평면적으로 펼쳐져 있다 보니 형태가 딱 정해져 있지 않아요. 그에 비해 건축은 완전히 형태로 이루어지죠. 그런 면에서 보면 조각과 건축은 유사한 부분이 많아요.

두 번째, 조경 구성의 특징은 시각적으로 느껴지고 시간이라는 요소가 들어간다는 겁니다. '시간의 요소가 들어간다'는 말은 여러 가지로 해석할 수 있습니다. 우선, 우리가 어느 공간을 보든지 머물지 않고 움직이면서 보는 경우가 많습니다. 산책하거나 혹은 뛰거나, 움직이면서 보기 때문에 앞의 경관을 보는 것과 뒤의 경관을 보는 것 사이에는 시차가 있습니다. 순간적인 시간이 들어가는 거죠. 또 무엇보다도 건축과 달라서 아침, 점심, 저녁 다르고, 비가 올 때와 햇빛 날 때가 다르고, 계절에 따라서도 다릅니다. 나무, 풀, 꽃은 성장하기 때문에 느린 시간으로 보면 10년 전과 지금이 다릅니다. 여러 가지 측면에서 시간의 함수가 느껴집니다. 그걸 항상 인식하고 있어야 합니다. 여기에 촉감까지 더해지면 더욱 달라지겠죠. 안개 낄 때와 음산하게 비 올 때 경관이 주는 느낌이 다른 것처럼요.

세 번째 특징입니다. 모든 시각적 대상에 있어서 아름다운가, 아름답지 않은가가 굉장히 중요합니다. 말하자면, 어떤 미적인 구성 원리가 존재하는 겁니다. 가장 지배적인 미적 구성 원리는 통일성과 다양성입니다. 통일성이 너무 강하면 단조롭고, 너무 다양하면 산만합니다. 적당하게 조화를 이루어야 합니다. '다양성 안에서 통일성, 통일성 안에서 다양성diversity in unity and unity in diversity'이라는 말을 씁니다. 뒤에서 좀 더 자세히 설명하겠습니다.

마지막으로, 조경이 조각이나 회화 작품과 다른 점은 건축처럼 인간의 활동에 있습니다. 시각의 대상이라는 측면과 생활 공간이라는 측면이 결합해 있다는 거죠. 양면을 다 봐야 합니다. 그런 측면에서 인간 척도, 휴먼 스케일human scale이 중요합니다. 서구의 피트feet는 휴먼 스

속리산 법주사 팔상전. 이 탑처럼 경관상 형태적 우세 요소에 종교적 의미가 가미되면, 그 상징성으로 인해서 우세 효과는 더욱 커진다.

©이규목

chapter 3 - 조경구성론

케일인데, 신기하게도 우리나라의 척尺과 비슷합니다. 1피트나 1척은 30cm 정도죠. 30cm는 손목과 팔꿈치 사이에서 나왔습니다. 우리가 제일 자주 쓰는 크기죠. 이 기본 크기에서 문의 폭이라든가 높이, 의자의 규격 등이 정해집니다. 여러분들이 일상 속에서 쉽게 만나고 있죠.

무엇이 조경 공간을 구성하나?

그럼 조경 공간은 어떤 요소들로 구성될까요? 두 가지 형태로 분류할 수 있어요. 경관이라는 측면에서 구성 요소를 구분할 수 있고, 공간을 구성한다는 측면에서도 구분할 수 있습니다.

먼저 경관 측면에서 형태, 색, 선, 질감이라는 네 가지 구성 요소를 말할 수 있어요. 어떤 경관을 놓고 보더라도 몇 개의 지배적 요소, 즉 우세 요소가 있습니다. 우리가 북한산을 보면 형태가 우세하게 나타나고, 단풍철에는 색과 색감이 나타나고, 강줄기라든가 폭포에서는 선이 중요하게 나타납니다. 그다음은 질감texture인데, 매우 섬세합니다. 그런데 사람과 대상과의 관계에 따라서 질감으로 나타나기도 하고 형태로 나타나기도 하죠. 예를 들어 도로 포장은 가까이에서는 질감만 보이는데, 멀리서 보면 형태가 보입니다. 이 네 가지를 따로따로 살펴봤지만, 경관은 네 가지 중 한 가지로만 나타나지 않습니다. 예를 들어서 금강산의 비룡폭포는 형태와 선 두 가지가 결합해 있죠? 그래서 더 장관壯觀인 겁니다. 또 우리가 단풍을 보러 설악산을 가면, 그 우람한 형태의 산이 알록달록해서 아름답습니다. 형태와 색이 결합하고 있는 겁니다.

공간 측면에서는 세 가지 요소로 구성된다고 볼 수 있습니다. 시먼즈John O. Simonds(1913~2005)가 쓴 『Landscape Architecture: A

일본 교토에 있는 난젠인 정원의 이끼밭.
일본 정원은 이끼를 활용해서 독특한 이중 구조적인 질감을 창조하여,
마치 비행기에서 내려다본 밀림을 연상하게 한다.

Manual of Site Planning and Design』이라는 책을 참고할 수 있어요. 하나는 바닥 요소, 그러니까 '평면적 요소base plane'입니다. 두 번째 요소는 사람 머리 위에 있는 천장이나 옥상 같은 '천개적 요소overhead plane'입니다. '천개天蓋'는 (하늘을) 덮는다는 뜻이죠. 마지막은 서 있는 요소, 즉 '입면적 요소vertical space dividers'입니다.

'평면적 요소'는 말하자면 땅바닥입니다. 땅은 사람뿐만 아니라 모든 생명체의 기본입니다. 식물은 땅에 뿌리를 박고 살고 있죠. 식물을 먹고 사는 동물은 땅이 있어야 움직일 수 있으니까요. 건물도 땅이 있어야 서 있을 수 있고, 우리 자신이 움직이는 모든 동선動線이나 건물도 땅을 바탕으로 이루어지죠. 감각적으로도 굉장히 중요합니다. 딱딱한 표면과 부드러운 표면이 있고, 또 어떤 표면은 여름에 굉장히 뜨겁지만, 잔디밭 같은 표면은 상당히 온화합니다.

'천개적 요소'를 이야기하겠습니다. 조경 공간에서는 퍼걸러pergola나 정자가 대표적이지만, 나무 그늘, 더 넓게 보면 하늘에 있는

구름도 천개적 요소가 될 수가 있죠. 그래서 조경 공간에서 천개적 요소는 대개 감각적으로 느껴지는 경우가 많아요. 뜨거운 햇빛 아래 있다가 그늘에 들어갔을 때, 눈에 보이지는 않지만 뭔가 시원한 느낌이 든다든지, 시각 이외의 감각기관을 통해서 느껴질 수 있습니다.

마지막으로 '입면적 요소'입니다. 인간을 포함한 모든 생물은 대지에 수직으로 서 있습니다. 그리고 움직이지 않고 서 있는 것들은 공간을 분할하는 역할을 합니다. 나무나 산울타리, 벽면이 그렇죠. 조경 공간에서 천개적 요소는 눈에 딱 들어오지 않지만, 입면적 요소는 서 있기 때문에 사람들 시선의 대상이 됩니다. 그래서 높이가 굉장히 민감하게 느껴집니다. 내 눈높이보다 높으면 앞을 가리고, 내 눈높이보다 낮으면 시야가 터지며, 허리 높이 정도면 앞이 보이긴 하지만 넘어갈 수는 없죠. 그래서 수직적 요소를 잘 활용하면 조경 공간을 굉장히 다양하고 재미있는 공간으로 구성할 수 있어요. 이 입면적 요소의 특징을 이용해서 조경 공간에서도 프라이버시를 취할 수도 있어요. 이쪽과 저쪽의 공간을 서로 분할해서 이쪽의 프라이버시를 지켜 줄 수 있고, 아늑한 공간을 만들 수 있습니다. 'enclosure'라고 하는데, '위요圍繞'라고 번역을 해요. 썩 좋은 번역은 아니지만, 둘러싸인다는 말도 좀 그렇죠? 도시에 둘러싸인 공간이 많을수록 친밀하고 아늑하게 느껴진다는 말을 많이 해요. 건물로 둘러싸이고 사람들이 다양한 활동을 하는 서구의 광장이 대표적이죠.

시각적 구성

'뷰', 런던아이를 없애지 못한 이유
시각적 구성에 있어서 가장 많이 신경 써야 하는 것 중의 하나가 '어떻게 보이는가'입니다. 그래서 나온 것이 '뷰view'예요. 우리말로는 '전망展望'이라고 하고, '조망眺望'이라고도 부릅니다. 조망에는 주제가 있습니다. 눈에 띈다는 말을 자주 씁니다. 우리가 높은 산에 올라갔는데 멀리 63빌딩이 보이면 시선이 멈춥니다. "저기 청와대네?" "저기 남산이 있네?" 이런 식으로 뭔가 주제가 있는 대상에 시선을 멈추게 됩니다. 또 우리가 동해안에 가서 바다를 보고 있는데 돛단배가 하나 지나가면, 그것만 눈에 띕니다. 주제가 있기 때문입니다. 그러나 항상 일정한 것은 아닙니다. 시간적 변화가 있죠. 또 시점이 이동해요. 그림이나 조각에 대한 시점은 단순합니다. 가까이에서 보거나 조금 떨어져서 보는 거죠. 반면 경관은 도시 속이든지 자연 속이든지 사람들이 왔다 갔다 거닐면서 봅니다.

조망은 세 가지 요소로 구성됩니다. 첫 번째는 보이는 '대상'이죠, 바닷가의 돛단배가 될 수도 있고 설악산이 될 수도 있습니다. 다른 하나는 보는 '시점'입니다. 영어로는 '뷰포인트view point'라고 합니다. 마지막은 대상과 시점 사이에 있는 '사이 공간'입니다. 산꼭대기에 올라가서 경관을 보려고 하는데, 높은 나무로 사이 공간이 막혀서 안 보일 수도 있고 올라갈 길이 없을 수도 있습니다. 시점이 없을 수 있는 거죠. 예전에 경관을 연구할 때 미국 시카고 같은 도시에서는 30달러쯤 돈을 내고 스카이데크skydeck[1]에 갔어요. 올라가면 유리판에 경관이 파노라마로 그려져 있어서, 여기에 뭐가 있고 저기에 뭐가 있다고 표시되어 있었어요. 이런 전망대가 없으면 경관을 볼 수 없는 거죠. 볼 대상이 아무리 좋아도 조망이 성립되려면 보는 시점이 있어야 하고, 그 사이의 공간이 터져 있어야 합니다.

---

1. 윌리스 타워[Willis Tower, 구 시어스 타워(Sears Tower)]의 103층 전망대를 말한다.

우리 생활에서 조망은 중요합니다. 우리가 어떤 땅이나 살 집을 선택할 때 조망이 좋아서 선택하는 경우가 많습니다. 또 세계 유명한 도시 어디를 가든지 도시 전체를 볼 수 있는 전망대가 하나씩 있습니다. 파리 에펠탑도 있고, 몽마르트 언덕도 있고, 뉴욕의 엠파이어 스테이트 빌딩Empire State Building에도 있습니다. 영국 런던에는 '런던아이 London Eye'라고 아주 큰 관람차가 있어요. 흉측하다고 부숴버리려고 했는데, 관광객들이 많이 찾아서 유지하고 있습니다. '조망을 살린다'는 말을 자주 쓰는데, 좋은 대상을 잘 보이고 쉽게 가서 볼 수 있게 만들면 조망을 살리는 것이고, 가려버리거나 안 보이게 하면 조망을 못살리는 겁니다. 그래서 조망은 하나의 조립된, 잘생긴 그림입니다.

'비스타', 서울의 산을 가리지 말아야 하는 이유

'비스타'는 베르사유 궁의 정원이나 보르비콩트 정원을 예로 들어 설명할 수 있습니다. 가령, 이쪽에 분수가 있고 저쪽에 시점이 있습니다. 그 사이의 공간은 터져 있겠죠. 그런데 이 사이 공간을 강조하기 위해 양쪽에 나무를 빽빽하게 심었습니다. '총림叢林'이라고 하죠. 이런 수법이 바로 비스타vista입니다. 보이는 시점이 강조될 수 있도록 의도적으로 양쪽을 폐쇄하는 공간 구성 기법입니다. 우리나라 말로는 '축軸'이라 그래요. 하나의 선으로서 축이 잇는 두 개의 점은 중정일 수도 있고, 광장일 수도 있고, 운동장일 수도 있으며, 물일 수도 있습니다. 하나의 축을 설정함으로써 방향성과 질서감이 생깁니다. 공간을 디자인할 때 눈에 잘 띄는 대상을 향해서 축부터 잡는 경우가 많습니다. 충청남도 천안에 있는 독립기념관을 보면, 뒤쪽의 산에서부터 축을 쫙 잡았어요.

우리가 도시를 설계할 때도 가장 상징적인 축을 하나 설정할 수 있습니다. 유럽의 바로크 시대에서 시작했는데, 프랑스 파리의 축이 대표적입니다. 여러 가지 축이 있어요. 루브르 박물관으로 향하는 축도

(왼쪽부터) 링컨 기념관(Lincoln Memorial)에서 바라본 워싱턴 D.C.의 중심축. 바로크 기법으로 조성된 국가 상징 '터미널 비스타(terminal vista)' 구성으로서는 가장 웅장하다. / 축의 중심에서 미국 국회의사당(United States Capitol)을 바라본 중심축의 설경(雪景). 압도적인 스케일로 다가와 위엄성은 돋보이나, 친밀한 느낌과는 거리가 멀다.

있고, 파리의 개선문을 향한 축도 있습니다. 한 11갠가 될 거예요. 이 축들은 교차하기도 하고 대각선으로 만나기도 합니다. 이탈리아 로마에도 축이 있습니다. 유럽 도시의 축이 다른 나라에도 수출됩니다. 프랑스의 식민지였던 베트남 호찌민 시나, 오스트레일리아의 캔버라에도 있습니다. 미국의 워싱턴 D.C.에도 있습니다. 그러한 바로크적 도시설계 기법이 일본에 도입되었고, 일본 식민지 시절 우리나라에도 들어왔습니다. 경복궁 앞에서부터 숭례문까지를 축으로 설정하고, 경복궁 근정전 앞에 조선총독부 청사를 세웠던 거죠. 후에 헐어버렸습니다.

　서울을 다른 도시와 비교했을 때 다른 점 중의 하나가 도시 속에 산이 있다는 거죠. 중요한 산이 8곳 있어요. 외사산外四山과 내사산內四山, 여기서 사산은 각기 '좌청룡左靑龍, 우백호右白虎, 북현무北玄武, 남주작南朱雀'을 가리킵니다. 외사산으로는 북한산, 관악산, 행주산성 자리가 있는 덕양산, 아차산이 있습니다. 내사산으로는 청와대 바로 뒷산인 백악산白岳山[북악산北岳山], 목멱산木覓山[남산南山], 사직공원 뒤쪽으로 있는 인왕산仁旺山, 그리고 대학로 뒷산인 낙산駱山이 있습니다. 이렇게 외사산과 내사산을 설정해서 도시를 만들었어요. 그런데 지금은

(왼쪽부터) 경상북도 안동의 체화정(逮華亭) 위에서 내다본 전경. 여름 시골의 한 정자에서 앞의 문짝을 들어 놓고 본 정경(情景)으로, 기둥과 위아래가 틀을 만들어 준다. / 영국 런던의 켄싱턴 가든(Kensington Gardens)에 있는 이탈리아 정원(Italian Gardens) 입구의 모습. 넝쿨 아치를 틀로 해서 들여다본 정원 모습은 한 폭의 그림 같다.

높은 빌딩으로 다 가려져 있습니다. 그래서 한때 '산 살리기 운동', '산 보이기 운동'을 했어요. 산이 잘 보이는 시점에 휴식 공간도 만들고, 산이 잘 보이게 건축물 높이를 규제하는 프로젝트도 했었어요. 말하자면, 시점을 확보하고 산이 잘 보이도록 좌우를 터 준 거죠. 그런데 사이에 낀 공간은 함부로 규제할 수 없는 사적 소유라 신경이 많이 쓰이는 일이었어요.

경관 틀 짜기

'frame'이란 게 뭐죠? 틀이죠. 그러니까 'enframe'은 틀을 만든다는 거고, 'enframement'는 틀 짜기라는 겁니다. '프레임을 만들다'의 명사형인데, 틀 짜기는 쉽게 말하면 중간에 끼인 공간에 틀을 하나 집어넣는 겁니다. 틀을 하나 집어넣으면 틀을 통해서 보이는 대상이 한정되어 하나의 그림 같이 더 멋져집니다. 우리가 건물에 창을 만들고 바깥의 경치를 볼 때 대상이 뚜렷하면, 예를 들어 만약 인왕산이 보인다든가 도시의 파노라마가 보이면 그림보다 훨씬 좋습니다. 겨울과 여름, 눈 올 때와 비 올 때, 햇빛 날 때 그렇지 않을 때가 다르죠. 수시로 바뀌는 사진 하나를 걸어 놓은 거나 마찬가지입니다. 이런 기본적인 틀 외에도 여러 가지 틀이 있습니다. 우리가 동해안 의상대義湘臺에 가서 바다를 볼 때, 바다와 자신 사이에 바위도 있고 섬도 있고 배도 지나다녀서 멋있습니다. 또, 사이에 소나무 줄기가 쭉 내려와 있다고 생각해 봐요. 소나무 줄기 사이로 살짝 가려지면서 경관이 보이는 겁니다. 이것도 일종의 틀인 거죠. 좌우를 폐쇄해 의도적으로 틀을 만들 수도 있어요.

경관의 시퀀스

'시퀀스sequence'는 번역이 잘 안 돼요. 앞에서도 이야기했지만, 조경 공간에서는 시점이 움직이니까 우리가 이동하면서 보는 앞의 경관과 지나온 뒤의 경관 사이의 상관성을 계획할 수 있습니다. 이를 '시퀀스 플래닝sequence planning'이라고 합니다. 밖에서 들여다본 경관이 멋있어서 더 들어갔는데, 볼 것이 없으면 시퀀스 플래닝이 잘못됐다고 합니다. 이는 조경에서 매우 중요합니다. 어느 공원에 가면 진짜 좋은 경관은 감춰져 있죠. 건축가 안도 다다오가 그런 디자인을 잘했어요. 이 사람은 입구를 감춥니다. 문을 찾으려고 주변을 돌다 보면, 저 안에 입구가 있어요. 그래서 들어가 보면, 기가 막힌 빛이 쏟아지거나 물이 나와 사람을 놀라게 합니다.

여러분들이 보는 경관 중에 시퀀스 플래닝이 잘 되어 있는 곳이 바로 절이에요. 절로 향하는 길은 세속적 공간에서 성스러운 공간으로 가는 절차죠. 제일 먼저 천왕문天王門이 있고, 그 앞문을 통과하면 불이문不二門 같은 문이 또 있습니다. 서너 개가 있어요. 문을 통해서 들어가면 이제 법당이 나옵니다. 법당을 통과하면 마당이 있고, 마당 앞에 부처님을 모신 대웅전大雄殿이 있어요. 안으로 들어갈수록 경관이 멋져지고, 가장 끝에는 부처님이 있어요. 이른바 '클라이맥스climax'인 거죠. 내가 경험한 나쁜 시퀀스 플래닝 가운데 하나가 충청남도 아산에 있는 충무공 이순신 생가예요. 많은 사람들이 참배하러 오니까 그 앞에 거대한 주차장, 식당, 기념품 판매소를 으리으리하게 만들어 놨는데, 정작 정말 중요한 공간은 초라한 초가집 몇 채예요. 시퀀스가 안 맞는 겁니다. 연속적인 변화가 점점 좋아져서 나중에 꽝 때려줘야 하는데, 그렇지 않은 거죠.

미적 구성 원리

미적 구성 원리에서 가장 지배적 원리는 통일성과 다양성입니다. 전체가 통일성이 있으면서도 다양성이 있어야 합니다. 적절한 균형을 이루어야 사람들이 선호합니다. 앞에서도 잠깐 말했지만, 통일성이 너무 강하면 사람들은 단조롭게 느끼고, 너무 다양하면 산만하거나 서로 조화가 안 되어 보입니다. 가장 쉬운 예로 간판을 들 수 있습니다. 간판이 난립하여 있다는 말을 많이 하죠. 특히 아파트 단지의 종합상가 간판이 형편없습니다. 너무 다양해서 사람들은 싫증을 느낍니다. 하지만, 건물에 간판이 하나도 없거나 똑같은 글자로 통일되어 있으면 업소가 구분이 안 될뿐더러 재미가 없어요. 그래서 간판에 대해 연구하고 기준을 세우기도 했습니다. 저도 연구를 했었는데, 잘 되어 있다는 싱가포르와 파리에 가서 관계자도 만나고 직접 사례도 살펴본 후, 아파트 단지 상가의 간판 설치 기준을 정했습니다. 우선, 간판을 2개 층 이상으로 올리지 말자는 것을 기준으로 정했죠. 간판은 우선 사람이 걸어갈 때 눈에 띄는 게 좋지, 너무 높이 있으면 고개를 들어 올려다보기 힘드니까요. 다음으로, 건축물에 판을 붙이고 그 위에 간판을 달지 말고, 건축물에 글자를 직접 붙이자는 기준도 세웠습니다. 그러면 글자 자체의 모양에 더 신경 쓰게 됩니다. 또 벽면 질감이나 간판 재료의 특징도 살고, 간판이 덜 튀어나와 보이기도 합니다. 대략 이 두 가지를 제시했어요.

그런데 어느 정도 복잡해야 최적인가? 심리학적 용어로 '최적의 선호도optimum preference level'라고 합니다. 다른 말로는 '복잡도complexity level'라고도 합니다. 어려운 문제예요. 심리학적인 것이기 때문에 선호도 분석을 해서 알아낼 수 있습니다. 여러 가지 설문조사로 선호를 알아내 파악할 수 있는데, 숫자로 딱 정해지진 않고 60%에서 70%라든가 범위를 정할 순 있겠죠. 단순한 걸 좋아하는 사람도 있고 복잡한 걸 좋아하는 사람도 있으니까요.

그런데 미적 구성 원리의 법칙을 통해 이를 달성할 수 있습니다. 조각을 하든지, 옷을 만들든지 모든 조형적 행위에 적용되는 원칙입니다. 여기에는 비례, 척도, 리듬 등이 있습니다. 비례는 요소들의 분포, 면적, 길이 등의 대비 관계를 말합니다. 척도에서는 휴먼스케일을 기억해야 합니다. 너무 커도 안 좋고, 작아도 안 좋아서 항상 인간과 비교해야 합니다. 또 사람들은 리듬이 있는 것을 좋아합니다. 우리의 맥박이나 숨이 상당히 리드미컬합니다. 계절도 리드미컬하고. 계절이 일 년에 한 번씩 똑같이 돌아오죠.

이러한 원리를 적용해서 아름다운 공간을 만들었을 때, 그 아름다운 공간이 주는 느낌은 크게 두 가지가 있어요. 하나는 '대비 효과'이고, 다른 하나는 '조화 효과'예요. 건축물과 자연, 이 두 가지 요소를 놓고 대비 효과와 조화 효과를 이야기할 수 있겠죠. 백색의 화이트 하우스라든가, 콘크리트나 타일같이 인공적인 재료로 건축물을 디자인하면 배경이 되는 자연과 대비되어 아름다운 경우가 있습니다. 지난번에 이야기한 르코르뷔지에라는 스위스 태생의 프랑스 건축가가 이를 중요하게 다루었습니다. 반면 우리나라 한옥에서는 기와도 벽도 모두 흙으로 만들었고, 기둥은 나무로 만들어서 자연과 서로 닮아서 멋있습니다. 즉, 조화 효과입니다. 전통적인 건축은 어느 나라건 다 조화의 건축입니다. 건축 재료가 그 안에서 나는 자연물이기 때문이죠.

　마지막으로 균형이 있습니다. 우리가 대상물을 관찰할 때, 시각적 무게를 느낍니다. 매우 아름다운 것은 시각적 무게가 큽니다. 물론 규모가 큰 것도 시각적 무게가 크지요. 아름답지 못하고 눈에 띄지 못하면 시각적 무게가 작습니다. 여기서 무게는 무겁다는 뜻이 아니고 '시각적인 비중visual weight'을 말합니다. 어떤 조경 공간이 아름다울 때는 가상의 축을 중심으로 좌우 균형이 맞을 때입니다. 우리 눈은 위아래로 있는 게 아니라 좌우로 있어서, 위아래보다는 좌우에 민감합니다. 그래서 수직축에 민감하고 좌우의 균형을 따집니다.

　균형에는 두 가지가 있습니다. 먼저 대칭적 균형이라고 하는데, 영어로는 'symmetrical balance', 'formal plan', 'static balance', 즉 정형식인 거죠. 정형적 건축이나 정형적 조경 양식에서 볼 수 있습니다. 그다음으로 비대칭적 균형은 'asymmetrical balance', 'informal plan', 'occult balance', 또는 'dynamic balance'라고도 해요. 보이는 균형이 아니라 숨어있는 균형이라는 뜻이죠. 혹은 동적인 균형이죠. 일반적으로 축은 직선인데, 비대칭적 균형에서는 축이 구부러져 있습니다. 대칭적 균형은 한눈에 모든 게 보이기 때문에 정적이고 단조롭습니다. 반면 비대칭적 균형은 동적이고 재미가 있습니다. 그래서 우리가 공원에서 많이 사용합니다.

　이를 지렛대 원리로 설명하면, 중앙에 수직축이 있고 양쪽으로 거리와 무게가 같으면 대칭적 균형입니다. 그런데 왼쪽이 1이고 오른쪽이 3, 즉 1:3이라고 할 때 왼쪽 뒤로 다른 뷰가 있어서 주목성이 높아지면 균형이 맞게 되죠. 이게 비대칭적 균형입니다. 가까이 있는 큰 것과 멀리 있는 작은 것이 균형이 맞습니다. 영국의 정원이나 공원을 걷다 보면 근처에 커다란 나무가 있습니다. 그늘도 만들어 주고 시선도 확 당겨줍니다. 그런데 저쪽 잔디밭 너머로 잔잔한 나무가 있으면 시각

런던 켄싱턴 가든에서 바라본 '앨버트 기념비(Albert Memorial)'.
공원에서 수목으로 대칭적 구성을 해서 기념탑의 상징성을 높였다.

런던 세인트제임스 파크의 산책로. 영국의 자연풍경식 정원 양식을 대변하는 경관으로,
구부러진 길과 불규칙한 배식(培植)으로 비대칭적 균형을 취하고 있다.

chapter 3 – 조경구성론

적 균형이 맞습니다. 그리고 그 사이로 길이 있으면 바로 축이 됩니다. 그런데 양쪽 사이에 길이 나 있지 않으면 사람들은 한쪽에만 흥미를 갖게 되겠죠. 우리가 공원에 산책길을 낸다거나 둘레길 같은 길을 낼 때도 양쪽 균형이 맞아야 합니다. 한쪽이 철조망이 쫙 쳐져 있다면, 그쪽으로 길을 내는 건 바람직하지 않습니다. 양쪽에 볼 것이 같이 있어야 좋겠죠. 이쪽이 산이라 막혀 있으면, 저쪽은 탁 트여 아래가 내려다보여야 균형이 잘 맞습니다. 물론 다 그렇게 할 수는 없지만, 의도적으로 디자인할 때는 참고해야 합니다.

김아연

풍경의 아름다움을
해부하다

인간은 끊임없이 아름다움을 욕망하고 탐구한다. 특히 자연과 풍경[1]의 아름다움에 대한 숭배, 이를 끊임없이 재현하고 소유하고 향유하고 싶어 하는 욕망은 조경의 발전을 추구하는 원동력이 되어 왔다. 미학의 과제가 자연과 예술의 아름다움을 탐구하는 것이라고 할 때, 자연이 가진 아름다움의 근본 원리를 따지는 일, 아름다움을 느끼는 기작을 탐색하는 미학적 태도는 조경이라는 창작 활동의 근원적인 틀과 실천의 방향을 제시한다. 경관의 구성 원리는 우리가 아름다움을 느끼는 자연과 풍경을 사유하고 해부하여 그 아름다움과 의미를 새로운 경관으로 재구성하는 데 기여한다. 자연의 구성 원리를 해부하는 일은 단순히 자연을 근대적이고 과학적인 관점에서 분석한다는 의미가 아니다. 우리에게 중요한 것은 자연을 감각적이고 감성적으로 포착하는, 즉 자연과 인

---

1. 이 글에서 '풍경'과 '경관'은 명확한 개념적인 구분 없이 사용되는데, 경관이 전문가의 해석, 계획, 설계, 관리 등 학술적 개념으로 주로 쓰이는 반면, 풍경은 문학적이고 정서적이며 대중적인 어휘로 통용되는 점을 감안하여 문맥에 맞게 혼용하였다.

chapter 3 – 조경구성론

간의 관계 속에서만 발현되는 어떤 미적 원리를 분석하는 일인데, 최첨단 장비와 소프트웨어, 빅데이터를 사용하는 다양한 분석 기법이 대세인 요즘, 풍경의 비례와 대비, 운율과 조화 등 고전적인 미학적 개념은 시대에 뒤떨어진 느낌을 줄지도 모른다. 그러나 인류가 과연 자연을 감상하고 향유하는 기작이 그만큼 바뀌었을까? 여전히 사람들은 푸른 들판과 고즈넉한 호수, 신비한 숲과 탁 트인 바다, 그리고 아름다운 정원을 찾아 크고 작은 여정을 떠난다. 화려한 조경 공간이 진화하는 가운데에도 고전이라고 부를 수 있는 기하학 정원과 풍경식 정원의 감동이 사라지는 것도 아니다. 여기에 우리가 다시 한 번 풍경의 작법으로서의 공원 경관 구성의 몇 가지 기초 원리와 그 결과물을 짚어보는 것은 의미가 있겠다. 현대의 도시가 근대성을 여전히 가지고 있다면, 근대적 도시성의 대척점으로 나온 이상적 자연으로서의 공원을 구현하는 디자인 원리는 이후 도시 경관 체험에도 큰 영향을 제공했기 때문이다. 이 글에서는 근대 공원의 양식적 토대를 제공했던 픽처레스크picturesque를 중심으로 현대 공원으로 이행하면서 발생하는 몇 가지 변화를 경관 구성의 차원에서 함께 살펴볼 것이다.

조경 공간의 특수성 중 하나는 국토와 지역 스케일의 토지에서부터 일상의 작은 공간에 이르는 규모의 다양성에 있다. 특히 도시 공원과 같이 큰 규모의 경관을 다루는 경우, 그것의 골격, 혹은 구조를 미학적으로 이해할 필요가 있는데, 이것이 경관을 구성하는 원리 즉 경관구성론이다. 설계가가 창작 행위를 통해 새로운 풍경을 만들어내기 위한 경관구성론은 대상지 분석과 계획 과정의 논리적 결과물을 토대로 설계가 고유의 해석과 조형 감각이 합쳐진, 논리와 감성, 사유와 감각이 총합된 결과물이라 볼 수 있고, 이러한 설계가의 개별 실천은 동 시대 경관에 투영된 사상과 문화로부터 영향을 받는다.

대상지의 규모와 맥락은 전혀 다르지만 일정 시점에서 근경, 중경, 원경을 중첩하고
이들의 빛과 색, 질감을 대비시켜 경관의 깊이를 조절할 수 있다.
위는 용산전망대에서 바라본 순천만 갈대습지,
아래는 뉴욕의 가로에서 바라본 페일리 파크(Paley Park)

풍경의 깊이와 시선

풍경화와 공간으로서의 풍경이 다른 점 중 하나는 바라보는 사람의 시점 변화와 운동성에 있다. 즉 고정된 시점과 한 순간에 포착된 풍경을 2차원적으로 재현한 것이 풍경화라면, 풍경 속에서는 관찰자가 움직이면서 바라보는 시점과 대상의 관계가 변하고, 대상으로 바라보던 배경 속에 어느덧 들어와 있는 것처럼 거리의 변화에 따른 차원의 변화가 나타난다. 따라서 풍경을 구성하는 데 있어 한 시점에서 원경, 중경 그리고 근경의 관계를 세심하게 설정하고 조망의 방향과 거리를 디자인해야 한다. 체험자가 원경으로 바라보던 배경은 움직임에 따라 근경이 되기도 하고, 점경물로 보이던 건축물은 어느덧 나를 감싸는 공간이 된다. 여러 조망점에서 보이는 풍경의 깊이를 교차 검증하여 하나의 배치도로 만드는 작업이 상상 속의 풍경을 설계도면으로 만드는 번역 작업이다. 고정된 단일 시점에서 바라보는 정지된 투시도법에만 의존하지 않고 다양한 시점과 운동성을 전제로 입체적이며 상대적인 시선을 염두에 두어야 한다. 물체와 배경은 감상 주체의 움직임 속에 서로 반전된다. 실제 공간과 경관의 깊이는 다르게 인지되는데, 경관의 시각적 깊이를 강화할 수 있는 여러 가지 회화적 기법이 도입되기도 한다. 우리가 인지하는 풍경은 개별적인 대상이 아니라, 어떤 대상과 배경과의 관계에 의해 총체적으로 정의되므로, 깊이감은 조망점으로부터 원경으로서의 배경과 그 전면에 펼쳐지는 대상들의 질서와 구성에 따라 다양하게 연출된다. 강영조는 다양한 시지각과 경관 구성 이론, 동서양의 회화론을 토대로 이러한 깊이감에 영향을 미치는 요소들을 소개한다.[2]

---

2. 강영조, 『풍경에 다가서기』, 효형출판, 2003.

예를 들면 대상과 시점 사이에 평행한 면이 있는가, 배경은 어떻게 대상을 규정하는가, 대상들은 어떠한 방식으로 중첩되는가, 날씨의 영향에 따라 깊이감은 어떻게 달라지는가, 그리고 색은 어떠한 영향을 주는가 등, 우리 눈으로 인지하는 경관은 다양한 감각 요소에 의해 영향을 받는다. 풍경화와 다른 입체적인 풍경은 2차원의 장면들이 무한대로 중첩되어 3차원의 공간을 상상하고 여기에 소리, 냄새, 질감 등의 공감각적 요소와 시간이라는 차원을 더해 비로소 유기체로서 생명력을 가지기 시작한다.

경계의 디자인

정원이든 공원이든 실제 경관을 조성하는 일은 과업으로 주어진 부지 경계 내에서 이루어진다. 그러나 관람자의 눈은 대상지의 경계 내에 머물지 않고 그 주변과 어우러진 하나의 풍경으로 감상한다. 실제 풍경은 법적, 제도적 토지 소유를 뛰어넘어 전체로 인지되므로 설계가는 주변에 펼쳐지는 기존 풍경과의 관계를 정의해야 한다. 풍경식 정원뿐만 아니라 모든 경관 조성 행위는 복잡하고 불쾌한 주변 풍경을 차단하거나, 아름답고 연속적인 풍경을 부지 안으로 끌어들이려는 전략적인 태도를 취한다. 풍경식 정원이 발달하면서 주변 자연을 향해 시각적인 연속성을 확보하는 가운데 소유지를 구획하려는 하하Ha-Ha 기법[3]이 개발되거나 계절 변화를 느낄 수 있는 두터운 혼효림을 형성하여 자연스럽게 울

---

3. 하하는 담장을 따라 형성된 함몰 지형으로 그 기원은 프랑스 정원에서 가축이 들어오지 않도록 시각적으로 두드러지지 않는 경계를 처리하는 기법으로 거슬러 올라가지만, 찰스 브리지맨(Charles Bridgeman)과 윌리엄 켄트(William Kent)가 본격적으로 영국 풍경식 정원에 도입하여 널리 알려졌다.

경계 너머로 확장되는 착시를 주기 위해 거실에서 보이는 위치에 설치한 목재 데크.
수림대로 형성한 경계는 정원이 숲으로 수렴되는 효과를 준다.

타리를 차폐하기,[4] 낮은 담장을 둘러 내부에서는 위요감을, 밖으로는 연속성을 주는 전통정원처럼 동서양을 뛰어넘어 제한된 부지를 아름다운 자연 풍경으로 확장하려는 욕구는 다양한 설계적 장치들을 개발했다.

19세기, 풍경식 정원이 도시 공원으로 전환되면서 열악한 주변 도시와 강하게 대비되는 '낙원으로서의 자연'을 재현하기 위해 공원 경계부에 대한 새로운 해법이 제시된다. 명확한 담장과 두터운 수림대를 조성하여 공원 내부로의 위요감과 분리, 그리고 자연으로의 몰입감을 만든다. 반면 현대의 복잡한 도시 상황에서 대형 공원은 경계부 자체가 독립적인 성격을 가지게 된다. 대형 공원은 내부 공원inner park과 외부

---

4. 퓌클러 무스카우는 그의 책에서 경계부에 혼효림을 도입하는 시각적 효과를 스케치를 통해 보여준다.

공원outer park으로 나누어진다.[5] 경계를 따라 형성되는 외부공원은 인접한 커뮤니티와 도시적 성격을 흡수하여 가로의 일부로 기능하며 공원 내부와는 구분되는 도시 기능을 수행한다. 따라서 주변 지역과 의도적 단절 혹은 차폐가 필요하다면 담장이나 수림대, 지형을 통해 명백한 분리를, 공원이 주변 지역과 소통하며 그 연장으로 기능하기 바란다면 경계의 시각적 투과성을 높이고 도시 프로그램을 적극적으로 수용할 수 있다. 자연과 도시의 성격이 공존하는 대형 공원의 경계부는 도시적 주연부[6]로 부를 수 있을 것이다. 시민들이 점유하여 만드는 공원 경계부의 새로운 문화 경관은 도시에서 공원을 바라보는 첫 인상을 만들며 공원의 새로운 정체성 형성에 기여한다.

연속된 경관의 전개와 중첩, 대비와 반전

우리가 풍경에서 느끼는 쾌적함과 아름다움, 감동과 몰입은 이질적인 것들이 만드는 긴장과 조화, 대비와 중첩, 다양성과 통일성의 적절한 지점을 공감각적으로 경험하는데서 비롯된다. 우리는 경관을 구성하는 부분들이 적절한 관계로 직조되는 전체를 통합적으로 체험하게 되는데, 이 체험에 작용하는 몇 가지 핵심적인 관계성을 이해하는 것은 풍경의 독해에 있어 유용한 틀이 될 수 있다. 경관을 체험하는 데 있어 시간성과 몰입감을 만들어내는 기법 중 하나는 대비와 반전이다. 대비가 한 시점에서 인지되는 풍경 속 요소들의 상반된 관계를 의미한다면, 반

---

5. Project for Public Spaces, Signature Places: Great Parks we can Learn From, 2009. https://www.pps.org/article/six-parks-we-can-all-learn-from
6. 이질적인 생태계가 만나는 경계인 주연부(ecotone)는 양쪽의 질서가 만나서 경쟁하며 공유하는 전이지대로 종다양성이 가장 높은 지역이다. 도시와 자연이 만나는 공원의 경계는 새로운 도시적 주연부로 비유할 수 있다.

쇠퇴하는 물성과 성장하는 식생의 대비는 시간성을 증폭시킨다.
독일 뒤스부르크-노드 파크

전은 경험의 전후 관계에서 나타나는 차이라고 볼 수 있다. 풍경화와 달리 풍경의 감상자는 한 장면 다음에 펼쳐질 다음 장면들을 하나의 영화적인 흐름으로 중첩하여 체험하기 때문에 설계자는 서사적인 전개나 장면 연출의 시나리오를 생각하게 된다.[7] 어두운 복도를 빠져나가면서 만나는 정원, 좁은 숲길이 끝나며 펼쳐지는 호수, 거친 길을 따라 올라 정상에서 내려다보이는 마을 등 기억에 남는 풍경은 그 장면 자체보다 그 장면에 이르는 과정을 따라 경험하는 반전과 클라이맥스를 향해 전개되는 서사가 숨겨져 있다. 이러한 대비와 반전을 일으키는 중요한 경관 요소로 빛과 어둠이 있다. 설계가들이 다루는 도면은 한 순간에 정

---

7. 이규목은 이것을 시퀀스 플래닝(sequence planning)이라고 부른다. 앞 챕터 참조

지된 상태를 표현하기 때문에 도면 작업을 오래 하다보면 설계도가 재현하는 실제 공간의 빛 변화에 둔감해진다. 대부분의 설계도는 낮의 경관을 전제로 기호와 수치로 표현되기 때문에 관성적인 설계 과정에서 현장에서 체감하는 빛의 연출을 섬세하게 다루기 어렵다. 빛은 공간의 체험에 있어서 매우 중요한 분위기ambience를 제공하며, 공간의 깊이와 영역성, 대상의 주목성과 대비 등 경관의 전반적인 느낌을 지배하는 데 중요한 역할을 한다.

또한 오래된 것과 새로운 것의 대비 역시 현재라는 시간성을 과거와 미래로 증폭시켜 경관의 깊이를 더해준다. 산업 혹은 군사시설 이전적지를 공원화하는 다양한 사례에서 이러한 시간성의 대비는 장소의 기억과 현재·미래의 비전을 중첩시켜 공원의 경관을 하나의 살아있는 아카이브로 만들어준다. 형태에 있어서도 고전적인 정형미와 불규칙한 자연미의 대비는 '문화화된 자연'이라는 조경 고유의 속성, 즉 자연과 인간을 매개하는 중간 영역으로서의 구성된 자연을 만드는 중요한 설계 전략이 된다.

시간의 스케일과 변화

경관은 자연 현상의 아름다움을 드러내고 포착하는 좋은 도구이자 그릇이 된다. 비, 바람, 안개, 눈과 같은 기후적인 현상, 일몰과 일출, 태양의 움직임에 따른 하루의 순환성, 달의 힘에 따라 발생하는 밀물과 썰물, 봄, 여름, 가을, 겨울, 또 다시 봄으로 돌아오는 계절, 오랜 시간에 걸쳐 진행되는 생태계의 교란과 천이 등 자연적으로 발생하는 모습의 변화 뿐 아니라, 그때그때 사람들이 만들어내는 문화적이고 유동적인 일시적 경관은 풍경의 시간성을 증폭시킨다. 오랜 기간 변하지 않는

오래된 것 사이에서 탄생하는 새로운 생태계, 제2차 세계대전 당시 미국의 헬리콥터 기지로 쓰였던 부지가 시민 공원으로 돌아온 독일의 알터 플룩플라츠(Alter Flugplatz)

고정 요소들과 시간 변수, 그리고 그곳을 찾는 사람들의 무수한 스토리가 조합되는 경우의 수는 같은 공간을 여러 번 방문해도 새로운 체험으로 기억될 수 있게 도와준다. 경관은 결국 보는 사람의 상황적 변수에 따라 다르게 포착되거나 발견되거나 감상되기 때문이다. 경관의 시간성을 구현하는 방법은 여러 가지다. 대지예술에서 자주 목격할 수 있는 것처럼 자연 현상 자체에 주목할 수 있는 장치를 도입하거나, 계절별로 볼거리를 식재나 프로그램 계획으로 연출할 수 있다. 문화·예술 이벤트나 일시적인 프로그램을 통해 새로운 볼거리와 스펙터클을 연출할 수도 있고, 자연의 힘이 스스로 전개하는 과정을 경관에 그대로 표현하기도 한다. 생성, 성장, 소멸, 쇠퇴, 변화 등 다양한 시간성의 표현은 경관의 체험을 즐겁고 의외적으로 만들고 자연의 힘과 인간의 대비를 통해 또 다른 미적 체험을 가능하게 한다.

픽처레스크 공원 읽기:
뉴욕 센트럴 파크와 서울 여의도공원

18세기에 영국과 유럽을 풍미했던 풍경화는 시민 사회의 성장과 함께 새로운 도시민들을 위한 자연으로서의 공원이라는 공공공간을 탄생시키는 양식적 토양을 제공한다. '그림처럼'이라는 의미의 픽처레스크는 독특한 미학적 범주이자 정원 양식으로 자리 잡게 되었다. 이를 실제 공간으로 구현한 영국의 풍경식 정원은 자본에 의한 국토의 사유화 과정enclosure에서 나타난 특수한 토지 경관과 연계되어 있다. 국제 교역으로 모직물의 가치가 상승하면서 권력층은 공유지를 사유화하고, 농경지를 양을 기를 수 있는 목초지로 개간하는 엄청난 국토 경관의 변화를 초래했다. 당시 이상적인 자연의 모습은 도시화로 파괴된 상실된 자연에 대한 반작용과, 지배층의 권력과 자본이 투영된 부를 상징하는 경관이라는 이중성을 가진다. 돈과 풍요를 상징하는 양떼들이 뛰어노는

19세기 후반 센트럴 파크의 쉽 메도우

public domain

목가적 풍경은 영국이라는 물리적 영토를 떠나 바다 건너 뉴욕의 센트럴 파크의 쉽 메도우sheep meadow라는 공간으로 구현될 만큼 산업도시의 처참함과 대비되는 이상화된 자연의 상징 경관이 된다. 경관은 가치중립적이지 않고, 특정 시대의 이념을 반영하기 마련인데, 경관 구성의 원리는 이러한 이념과 가치로부터 자유롭지 않다.

센트럴 파크는 도시계획사와 조경사에 있어서 가장 중요한 변화를 만들어낸 공원이다. 시민들의 힘으로 만들어낸 영국의 버큰헤드 공원Birkenhead Park에서 큰 감동을 받은 옴스테드는 열악한 도시 삶에서 자연과의 접촉이 가지는 중요한 의미를 깨달았다. 그는 뉴욕으로 돌아와 북쪽으로 팽창하는 맨해튼의 정중앙에 면적 3.41km²에 달하는 어마어마한 규모의 공원을 기획하고 조성하는 데 핵심적인 역할을 한다. 센트럴 파크는 1960~80년대 초반까지 슬럼화를 겪기는 했으나 시민들의 참여와 뉴욕시의 적극적인 운영 개선으로 새로운 민관 파트너십을 형성하여 새로운 전성기를 맞은 이래 지금까지 도시 공원의 전형으로 전 세계에 영향과 영감을 주고 있다.

서울 여의도공원은 증권거래소를 중심으로 하는 금융가와 국회의사당이 위치한 여의도 한가운데에 옛 비행장과 5·16광장의 역사성을 가진 시민공원으로 탄생한다. 첫 민선 시장인 조순의 대표 공원으로 꼽히는 여의도공원은 설계공모를 통해 전통과 생태라는 규범적 개념과 픽처레스크 양식을 절충한 설계안이 선정되었고, 알려진 것처럼 뉴욕의 센트럴 파크는 좋은 참고 사례가 되었다. 당시 세계적으로 공원 계획에 있어 다양한 현대적인 실험이 진행되었던 반면, 군사 문화를 청산하고자 했던 당시 지도자의 의지, 전통과 생태의 가치를 중시했던 보수적인 전문가들의 선택에 의해 현재의 공원 모습을 갖추게 되었다. 센트럴 파크와 여의도공원은 시민들에게 도시 안의 푸른 섬이라는 본연의 목적에 맞게 공감대를 형성하며 사랑받고 있다. 두 공원은 또한 맨해튼

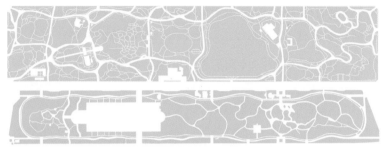

센트럴 파크(위)와 여의도공원(아래)의 레이아웃

센트럴 파크(위)와 여의도공원(아래)의 크기 차이

과 여의도라는 대도시의 한 가운데에 긴 직사각형의 녹색 섬이라는 공통점을 가진다.

　일견 두 공원의 배치도만 펼쳐보면 픽처레스크의 주요 특징인 곡선형의 산책로와 넓게 펼쳐진 초지, 순환 산책로와 광장, 그리고 자연스럽게 배치된 숲과 호수 등 공원을 구성하는 요소에 있어 공통점을 가지며, 공원의 배경이 되는 주변 고층빌딩의 대비 역시 유사하다.

　그러나 실제 두 공원을 방문하면 실로 다른 느낌의 경관이 펼쳐지는데 다른 문화와 기후 탓으로 돌리기에는 무언가 설명력이 떨어진다. 그렇다면 두 공원을 경관의 구성 관점에서 살펴본다면 이 경관 체험의 차이를 이해하는 데 도움이 되지 않을까.

　우선 센트럴 파크는 길이 약 4km, 폭 0.8km, 여의도공원은 길이 약 1.3km, 너비 200m로, 폭이 좁고 긴 직사각형의 형태와 비례는 유사하지만 규모 차이가 매우 큰데 센트럴 파크가 여의도공원 면적의 약 14.8배다. 공원의 폭이 200m에 불과하다는 것은 양쪽의 도시 지역과 시각적 완충지대를 형성할 수 있는 수림대 혹은 경계부의 켜가 얇아질 수밖에 없다는 것을 의미한다. 도시와의 의도적인 단절을 통해 도심 속 파라다이스를 구현하고자 했던 센트럴 파크는 도시 입면의 백그라운드와 질감, 색감, 재료, 형태의 선명한 대비를 통해 관람자에게 순수한 도피감과 편안함을 준다. 그러나 여의도공원의 경우 한쪽 끝에서 다른 쪽 너머 도시의 복잡한 풍경이 투과되어 보이는 구간이 있을 정도로 도시와 단절된 몰입감을 주기에는 근본적인 한계가 있다.

단위 공간의 규모감 역시 경관의 지각을 다르게 만든다. 예를 들어 물의 규모를 살펴보자. 연못 혹은 호수처럼 수면을 연출하는 경관은 수평성을 느낄 수 있는 규모여야 존재감이 드러난다. 특히 주변이 숲과 빌딩처럼 수직성이 높은 곳에서는 수평적으로 펼쳐진 공간의 규모를 이에 맞게 조정해야 한다. 그러나 여의도공원의 가장 큰 수공간인 지당은 약 50~60m의 폭을 가지고 있다. 대개 인공적으로 연못을 만드는 것은 수원 확보와 유지 관리 차원에서 소극적으로 접근하기 쉽다. 원래 늪지대였던 토지에 한때 도시의 식수를 제공했던 저수지가 있는 센트럴 파크는 대규모의 수경관을 연출하기에 태생적으로 유리한 조건이다. 다만 경관적인 측면에서 볼 때 여의도공원의 수공간은 주변 도시와 공원의 스케일 측면에서 경관적인 앵커 역할을 하기에 부족해 보인다.

굽이치는 산책로는 직선형 길에 비해 바라보는 시선의 방향이 계속 바뀌기 때문에 다양한 경관 체험이 가능하고, 걸으면서 보는 경관 요소들은 중첩되었다가 펼쳐져 다이내믹한 전개가 가능하다. 센트럴 파크의 경우 크고 작은 구릉과 저지대, 빙하지역 고유의 암석 경관이 중첩되면서 공간의 다양성과 깊이감을 연출한다. 또한 대상지 내 표고

센트럴 파크 전경

의 고저가 리듬감 있게 펼쳐지는 반면 여의도공원의 경우 지형적인 요소가 부족하다. 두 개의 언덕은 부지 긴 방향의 양쪽 가운데에 위치하기 때문에 다양한 구릉 경관이 입체적으로 중첩되는 효과를 보기 어렵다. 수림대에 의한 시각적인 닫힘과 열림, 그에 수반되는 빛과 어둠의 반전은 두 공원에서 모두 발견되나 역시 절대적인 규모의 차이에 기인하여 그 체험의 강도는 다르게 나타난다.

여의도의 낮 풍경은 깊고 어두운 숲과 잔디밭과 광장의 밝은 개방성, 상록과 활엽수의 적절한 비율로 인해 다양한 빛의 농도가 공원 내에 펼쳐진다. 그러나 밤에는 사정이 다르다. 농구 코트와 몇몇 출입구를 제외하고는 위험을 느낄 정도로 조도와 빛 연출이 열악하다.[8] 센트럴 파크에서 야간 프로그램과 더불어 다양한 빛의 경관을 경험할 수 있는 것과는 대비된다.

센트럴 파크의 경우, 조성 당시의 경계부와 현대의 경계부 성격

---

8. 김현근·김아연, "도시공원 야간경관의 조성 과정과 실태 분석: 여의도공원을 중심으로", 『한국조경학회지』 46(2), 2018, pp.14~26.

은 매우 다르다. 조성 시기에 도시와의 의도적인 단절을 위해 수림대와 담장을 설치하였다면, 현대에는 주변 커뮤니티에서 쉽게 접근할 수 있고, 시민과 관광객들이 공유하는 도시 가로를 향해 열리기 시작하면서 센트럴 파크 역시 '외부 공원'의 다양성을 드러내기 시작한다.

결론적으로 센트럴 파크와 여의도공원은 그 규모와 세부 공간 연출 기법 차이에 기인한 경관 지각의 차이와 한계를 보여준다. 규모는 설계에 제한으로 다가가기도 하지만, 주어진 규모에 적확한 경관 구성 방법을 고안한다면 오히려 대규모 공원에 기대하기 어려운 새로운 차원의 경험들을 선사할 수 있다. 여의도공원은 그 자체로 시민들에게 즐거운 볼거리와 휴식과 레저의 장소를 제공하며 서울의 대표 공원으로 사랑받고 있는 것이 사실이다. 그러나 공간에 대한 비평이 오직 시민들의 선호와 만족이라는 포퓰리즘의 준거에만 의존한다면 새로운 경관과 공원 문화의 혁신은 요원한 일이 될 것이다. 서울에 픽처레스크 양식이 도입된 것 자체는 문제가 되지 않는다. 오히려 우리나라 풍토와 문화, 여의도공원의 규모, 비례, 맥락에 맞는 픽처레스크를 구현하기 위한 고민과 성찰, 탐구와 상상의 부족이 원인이 아닐까. 픽처레스크의 발원지

여의도공원 전경(출처: 서울시 사진기록화사업, 2015)

는 영국이지만 전 세계로 수출되어 해당 지역의 특수성을 만나 변형되고 재구성되었다. 프랑스의 풍경식 정원은 이전 시기의 정형식 정원을 껴안으며 발전하였고, 특히 유네스코 세계문화유산으로 지정된 독일-폴란드 접경지역의 무스카우 공원Muskauer Park은 영국의 풍경식 정원을 독일화하고, 지역의 풍토와 기후, 생태계에 맞는 해석 작업으로 높게 평가받고 있다.[9] 여의도공원의 픽처레스크는 권위적인 시정에서 탈피하려는 새로운 민선 시장의 안전한 선택이었을 것이다. 여의도공원의 정치적인 예민함을 제외하더라도, 관성적인 접근으로는 여의도공원이 가진 잠재력을 충분히 발현하지 못한다. 최근 서울정원박람회를 통해 공원의 새로운 프로그램과 볼거리를 제공하고 정원 문화를 확산하는 허브 역할로 여의도공원이 활용된 것은 고무적이다. 그러나 정원 작품들이 존치되는 것에 대한 우려감 역시 떨치기 어려운데, 단위 정원은 그 자체로 좋은 볼거리이지만, 공원 전체의 경관 계획과 관리 차원에서 도입된 것이 아니므로, 궁극적으로는 공원 경관의 시각적 복잡성이

9. 자세한 내용은 헤르만 F. 폰 퓌클러무스카우 지음, 귄터 바우펠 엮음, 권영경 옮김, 『풍경식 정원』, 나남, 2009; 조경진, "헤르만 F. 폰 퓌클러-무스카우(Hermann Furst von Puckler-Muskau)의 풍경식 정원론의 형성과정과 의미에 관한 연구", 『한국전통조경학회지』 32(3), 2014, pp.49~81; 유네스코 세계문화유산 사이트(https://whc.unesco.org/en/list/1127/) 참조

chapter 3 - 조경구성론

높아지는 결과를 초래하고 말았다. 앞으로 공원의 진화와 더불어, 공원 경관에 대한 체계적인 지침과 관리 방향이 수립되어 도시 경관의 구조적인 미학과 시민 일상의 문화 경관이 서로를 견인하여 진화하길 기대해 본다.

여의도공원은 이제 스무 해를 맞는 청년 공원이다. 청년은 가능성을 의미한다. 나무들은 더욱 성장하여 공원 전체의 양감과 공간감을 변화시킬 것이며 공원의 기억이 쌓여 더욱 풍성한 공원으로 자라날 것이다. 청년의 아름다움은 꿈꾸는 데 있다. 마지막으로 센트럴 파크가 갖지 못하는 여의도공원의 꿈과 잠재력을 이야기해보자.

여의도공원은 샛강과 한강을 이으며 여의도를 관통하는 녹지축이다. 또한 국회의사당과 연계되는 오픈스페이스 직교축을 형성한다. 여의도공원의 가능성은 도시 속 고립된 녹색 '섬'이 아닌, '섬'의 양 호안, 즉 샛강과 한강을 이으며 서울의 광역 녹지축과 국회의사당의 상징축을 직조하는 거대 그린 네트워크의 허브 역할을 할 수 있다는 데 있다. 여의도공원과 한강, 샛강 사이의 끊어진 고리missing link가 연결되어 공원의 양끝으로 걸어 강을 만난다면 여의도의 "섬다움"을 경관적으로 또 체험적으로 이해하게 된다. 또한 국회가 선진화된 정치의 장이자 국민들에게 열린 공원으로서 기능하며, 국회에서 서남권 서울로 이어지는 '국회대로 공원'이 완공된다면 여의도공원의 성격은 지금과 매우 달라질 것이다. 설레는 상상이다.

경관은 공감각적 경험의 총체이며, 우리에게 어떠한 감흥과 미적 반응을 불러일으키느냐와 더불어 더 큰 지역 경관의 일부로 어떠한 기능과 정체성을 구현하는 지에 따라 평가될 것이다. 서울의 녹색 지형도를 새롭게 재편할 중추적인 역할이 여의도공원을 기다리고 있다고 할 때, 아마도 여의도공원의 새로운 경관 구성 원리는 우리의 성찰과 탐구 속에서 재정립될 것이다.

이규목·서영애

경관론

경관론, 눈에 보이는 경관과
해석해야 보이는 경관

역사도시 경관,
무엇을 어떻게 설계할 것인가

이규목

경관론, 눈에 보이는 경관과 해석해야 보이는 경관

경관의 정의와 범위

앞에서 공간에 사람이 들어가서 무언가를 하고 있으면 환경이 된다고 했죠. 먹고 자면 주거 환경, 오피스텔이면 사무 환경, 교육이 이루어지면 교육 환경이 되는 식입니다. 반면 '경관'이란 사람들이 어느 지점에서 보는 한 덩어리의 대상입니다. 영어로는 'a portion of land which the eye comprehends in a single view'입니다. 한마디로 표현하자면, 딱 봐서 보이는 땅이 경관이라고 할 수 있습니다. 영어 'land'에 'scape'를 붙인 게 경관landscape인 거죠.

　지금 여기에서 제 눈에 보이는 경관은 서른 여 명의 제자들이 책상에 앉아 강의를 듣고 있는 모습입니다. 만약에 제가 우주선을 타고 지구를 보고 있다면, 둥그런 지구 전체가 경관이 될 것입니다. 스케일이 다르죠. 경관은 '근경近景', '중경中景', '원경遠景'으로 나눌 수 있습니다. 근경은 코앞에 있는 경관이고, 냄새까지 맡을 수 있죠. 만질 수도 있습니다. 중경은 적당한 거리에 있는 것이며, 원경은 멀리 떨어져 있는 거죠. 우리가 도시 속을 거닐면서 보는 경관은 대체적으로 근경과 중경입니다. 근경은 두리번두리번하며 보이는 것이고, 눈을 왔다 갔다 하며 보이는 것은 대개 중경입니다. 언덕 위에서 내려다보는 것은 원경이죠. 그래서 경관이라는 것은 커졌다 작아졌다 합니다.

제 저서 가운데 『마음의 눈으로 세계의 도시를 보다』(2007)가 있습니다. 내 눈에 보이는 경치만이 다가 아니라는 거죠. "마음의 눈"이라는 말은 모더니스트 조경가 가렛 에크보가 즐겨 쓴 말입니다. 우리가 어디 있든지, 지구 밖에 있든지 지구 안에 있든지, 캠퍼스 안에 있든지 밖에 있든지, 우리를 둘러싸고 있는 모든 사물이 경관이라는 것입니다. 눈을 한곳에 두면 하나만 보이지만, 눈을 돌려서 둘러보면 가까이도 보이고 멀리도 보이고 다 보입니다. 물리적 요소뿐만 아니라 인류학자나 사회학자들이 소위 '문화'라고 부르는 것들, 즉 관습, 법, 습관, 전통, 법률, 금지령, 금지된 요소 같은 사회적 패턴도 포함됩니다. 이 점이 중요합니다. 우리가 자연환경을 볼 때, 나무나 풀만 보는 것이 아니라 그 안에 내재되어 있는 생태적 원리도 보는 것과 같습니다. 보는 만큼 보이는 것이지요.

그러므로 경관은 눈에 보이는 '물리적 경관'과 마음의 눈으로 보이는 '사회적 경관', 두 가지로 나눌 수 있습니다. 물리적 경관은 다시 자연 경관과 인공적 경관으로 나뉩니다. '자연 경관'은 자연 그대로의 경관입니다. '원시 경관'이라고도 하고, 영어로는 'wilderness'라고 쓰기도 하는데, 그런 경관은 이제 거의 사라졌어요. 설악산 정상에 올라도 사람들이 다녀간 흔적인 인공적인 요소가 보일 거예요. '인공적 경관'은 영어로는 'man-made environment', 'artificial environment', 또는 'built environment'로 표현합니다. 지리학에서는 사람이 손댄 경관이라는 의미로 '문화 경관cultural landscape'이라고 합니다. 거기 사는 사람들의 사회, 경제 및 어떤 문화적 가치가 자연에 영향을 주어서, 즉 문화적 가치가 작용해서 생긴 결과물입니다. 다시 이야기하면, 문화 경관은 사람들의 사회적·문화적·경제적 가치를 반영합니다. 문화 경관은 다시 '농촌 경관'과 '도시 경관'으로 구분할 수 있습니다. 농촌 경관은 '농업 경관', '전원 경관'이라고도 하는데, '전원田園'이라는 말이 더 멋있긴 하지만 정착되진 않았어요. 농촌 경관은 영어로 'rural landscape', 'agricultural landscape'라고 하고, 도시 경관은 'urban landscape'나 'townscape'를 번역한 겁니다.

　　농촌 경관은 크게 두 가지로 나눌 수 있어요. 하나는 '경작지 경관'이고, 다른 하나는 '농촌마을 경관'이죠. 거제도 끝에 있는 '남해 가천마을 다랑이 논'은 명승지로 소문났어요(명승 제15호). 보리암菩提庵에서 바라보면 참 멋집니다. 전라남도 보성의 차밭도 기가 막히죠. 서울 어디에도 그런 경관이 없어요. 경작지도 중요한 경관이지만, 마을 경관도 중요합니다. 1970년대 새마을 운동 때 "초가집도 없애고"라는 구절이 들어간 '새마을 노래'라고 있었습니다. 초가집이 얼마나 운치가 있는데 말이죠. 그런데 박정희 대통령 시절에는 가난의 상징으로 봤기 때문에 이를 없앴죠. 대신에 슬레이트slate 지붕집이나 양기와집이 등장했습니다. 초가집 경관이 기와집과 더불어 농촌 경관을 대표했었죠.

　　문화 경관으로서 사회적 경관은 미니스커트를 예로 들어 설명할 수 있어요. 예전에 박정희 대통령 때는 미니스커트를 금지했어요. 그래서 미니스커트 입은 사람들이 싹 사라져버렸습니다. 또한, 장발長髮도 훈계 대상이었습니다. 저도 젊었을 때 장발을 했다가 창피하게 머리카락이 잘리고 유치장도 갔습니다. 그런 금지령이라는 것이 장발을 없애는 경관을 만든 겁니다. 사회적 경관은 '경제적 경관'이 될 수도 있습니다. 경제가 어려울 때 미니스커트가 나타난다는 이야기도 있죠. 쉽게 설명하자면, 이런 것들이 사회적 경관에 내재된 의미입니다. 경제적 경관이나 DMZ(비무장 지대) 같이 '군사 경관' 혹은 '정치적 경관'은 사회적 경관에서 상당히 의미가 있습니다. 아주 민감하게 관찰하면 보입니다. 예를 들어 어느 도시에 가면 물리적 환경, 건물, 가게와 사람들의 사는 모습이 보이는 겁니다. 사는 모습을 보면 그 사람들의 생활수준이 보이고, 생각도 읽힙니다. 우리가 만들거나 관심을 갖고 가꾸는 것은 물리적 경관이지만, 조경가는 문화 경관으로서의 사회적·정치적·경제적 경관도 생각해야 합니다.

경관 가치와 평가

경관 가치와 경관성

경관은 거기 사는 사람들의 가치를 반영한다고 말합니다. 아주 중요한 말입니다. 아름다운 경관의 미적 가치가 중요하다고 할 수도 있고, 경제적 측면의 가치를 강조할 수도 있습니다. 또 생태적 가치를 우선시 해야 한다고 할 수도 있습니다. 이러한 가치들이 서로 잘 조화되는 것은 아닙니다. 경제적 가치를 우선하다 보면 굴뚝에서 시커먼 연기가 나게 됩니다. 굴뚝에서 시커먼 연기가 나니까 우리나라가 잘 산다고 이야기할 때도 있었습니다. 그럴 때 '생태적 가치'나 '환경적 가치'는 상당히 등한시하게 되죠. 미적으로도 아름답지 않고요.

　미적·경제적·생산적·생태적 가치는 서로 갈등 구조를 가지고 있어요. 특히 미적 가치와 생태적 가치는 일치하지 않을 수 있어요. 예를 들어 잔디밭이 있으면 기가 막히게 좋잖아요. 그런데 잔디밭을 유지하기 위해서는 잡초를 뽑거나 농약을 뿌려야 합니다. 만약 잡초가 많이 있는 잔디밭을 보고 "아, 도시 속에 온갖 잡초가 다 나다니, 생태적으로 아주 안정되니 아름답군!" 하고 느끼는 사람도 있겠죠. 하지만 아름답게 보지 않는 사람도 많습니다. 그러므로 어떤 사회를 구성하는 사람들이 가치관을 공유하지 않으면 많은 갈등이 생깁니다. 갈등하지 않고 조화롭게 소통하려면 서로 배우면서 공감하며 눈높이를 맞추도록 노력해야 합니다.

'경관성landscape character'의 '성性' 자가 참 편리한 말이죠. 아무데나 붙이면 그럴 듯해 보입니다. '모든 경관은 경관적인 특성을 가지고 있다'는 말입니다. 흔히 적절한 다양성을 바탕으로 통일성이 있을 때 경관성을 가진다고 하는데, 미학에서 많이 쓰는 단어인 숭고미, 우아미, 장엄함, 강인함, 환상적 같은 단어로 경관을 묘사할 수 있을 때, 경관성이 있다고 봅니다. 대체로 사람들은 경관성이 있을 때 좋아합니다. 자연 경관인 경우도 있고, 언덕 위 오두막집같이 인공미가 가미된 것일 수도 있으며, 도시 경관일 수도 있습니다. 형용사를 표준화한 지표로 만들어서 자연이 가져야 하는 경관성을 60개 단어로 정리한 석·박사학위 논문도 있습니다. 경관성을 표준화한 형용사 구조로 정리한 시도라고 볼 수 있죠.

우리가 일반적으로 일상생활에서 맞닥뜨리는 경관은 경관성이 없는 경우가 더 많죠. 경관성을 얻으려고 노력하는 것이 우리가 하는 일입니다. 옛날 중국에서는 경관성을 얻기 위해서 산을 만들고, 푹 파인 곳에 연못을 만들어서 기막힌 경관을 만들어 냈어요. 이화원 같은 곳이 그 사례입니다. 경관성을 획득하기 위해 가장 먼저 해야 할 일은 '부조화 요소'에 대해 고민하는 겁니다. 예를 들어, 보기 싫은 굴뚝은 안 보이도록 하는 거죠. '뷰view'는 보이는 대상, 보는 시점, 사이에 낀 공간, 이렇게 세 가지 요소로 구성되어 있습니다. 이 중에서 사이에 낀 공간을 조정하는 게 제일 중요해요. 좋지 않은 경관이 있을 때 보는 시점을 없애는 방법도 있지만, 그 사이에 장막을 설치하면 가려지죠. 보는 시점 가까이에서 처리하는 게 더 쉬워요. 가릴 곳을 차폐하기는 어렵지만, 내 눈앞에 벽을 두르거나 식재를 하면 쉽게 가릴 수 있습니다.

부조화 요소를 다루는 방법의 하나입니다.

두 번째는 '강조 요소'를 도입하는 것입니다. 좋은 뷰를 살리는 거죠. 전략 가운데 하나로 '비스타vista'를 구성할 수 있어요. 좌우에 나무를 심어 뷰가 탁 트이게 하는 것입니다. 그 사이에 낀 공간을 정리하는 거죠. 보이고 싶은 뷰를 강조하기 위해 시선을 가리는 나무를 자른다거나, 다른 장치를 덧대거나 하는 거예요. 그래서 여러분들이 대상지 답사를 가서 제일 먼저 해야 할 일은 '어디를 볼 때 잘 보인다'든가, '어디서 어디를 볼 때 보기가 싫다' 하는 그런 지점을 찾는 겁니다. 좋은 뷰good view와 나쁜 뷰bad view를 찾는 것이 대지 분석의 시작입니다. 나쁜 뷰는 상쇄할 방법을 찾고, 좋은 뷰는 살릴 방도를 찾는 거죠. '어떻게 하면 뷰가 좋아지느냐?'는 여러 가지 방안이 있을 수 있습니다.

세 번째는 '새로운 경관 요소'의 도입입니다. 새로운 경관 요소를 활용해서 경관성을 획득할 수 있습니다. 호불호好不好는 갈리겠지만, 일례로 동대문디자인플라자DDP를 들 수 있겠죠. 그전에는 별로 볼 것이 없던 곳에 특이한 경관 요소를 지어 놓으면 명소가 될 수 있습니다. 저로서는, 제가 서울시립대학교에 재직할 때부터 우리 대학 입구에 상징 타워를 하나 세우자고 했습니다. 새로운 경관 요소의 도입이죠. 지금의 탑은 원래 계획안보다 크기가 한 4m쯤 작아졌어요. 키가 낮아지면서 규모도 작아지고 다소 초라해졌죠. 한편, 올림픽공원에 가면 '세계 평화의 문World Peace Gate'(1988)이라고 있어요. 우리나라의 유명한 건축가인 김중업金重業(1922~1988) 씨 작품입니다. 이것 역시 경관에 새로운 요소를 도입해서 경관성을 높인 사례입니다.

경관성을 특징에 따라 분류할 수 있어요. 경관이 파노라믹하게 360°로 펼쳐져 있으면, '전경관全景觀, panoramic landscape'이라고 합니다. '형상 경관feature landscape'은 형태가 보이는 경관이고요. 예를 들어, 도봉산이나 63빌딩은 형상이 있죠. '위요 경관enclosed landscape'은

유달산에서 내려다본 전라남도 목포시의 도시 경관.
도시마다 도시 전체가 내다보이는 전망 좋은 장소가 있어서, 도시의 파노라마 경관을 즐길 수 있다.

충청남도 서천의 한산향교(韓山鄕校)로 이어지는 진입로와 홍살문.
보기 드물게 나무라는 자연 요소를 사용해서 독특한 '초점 경관'을 연출하고 있다.

둘러싸인 경관을 말합니다. 아늑한 교실이나 서울광장이 그 예입니다.
울타리가 쳐 있거나 주변에 건물로 둘러싸인 경관으로, 인간화한 경관
이라고 하죠. '초점 경관focal landscape'은 초점이 있는 경관입니다. 야
외 조각같이 경관적 초점이 있는 경관입니다. '천개天蓋 경관canopied

landscape'은 '수목樹木 터널' 같은 경관이죠. 청주IC에서 시내로 들어가는 청주가로수길에서 볼 수 있는 플라타너스platanus 터널이 그 사례입니다.

'세부 경관detail landscape'은 아주 상세한 부분이 잘 들여다보이는, 텍스처가 잘 보이는 경관을 말하죠. '일시 경관ephemeral landscape'은 가을 하늘에 구름이 흘러간다든지, 갑작스러운 소나기와 같이 일시적으로 체험하는 경관을 말합니다. 설치미술가 월터 드 마리아Walter De Maria(1935~2013)의 '번개 치는 들녘The Lightning Field'(1977)이라는 작품이 있죠. 미국 뉴멕시코 주의 사막에 100여 개의 피뢰침을 쭉 세워놓고, 폭풍우가 몰아칠 때 벼락이 떨어지도록 했습니다. 벼락을 조형예술로 승화시킨 멋진 일시 경관의 사례입니다.

경관의 지각과 평가

이제 조금 어려운 내용으로 들어가겠습니다. 경관의 지각과 평가에 관한 이야기입니다. 우리 서울시립대의 대표적인 경관은 정문에서 들어오면서 내리막길 뒤로 보이는 '배봉산拜峰山'이라고 할 수 있어요. 기숙사 조성으로 많이 손상되었지만요. 가을에 단풍도 멋있고, 산에 들어가면 약수터도 있어서 산책하기 딱 좋아요. 이곳에서 어떤 사람이 "경관이 기막히게 좋은데!"라고 말할 때, 그 '좋다'라는 평가는 보는 사람이 좋다고 느끼기 때문이지 경관 자체가 좋은 건 아닙니다. 다른 사람들에게는 나쁘게 보일 수도 있습니다. 이를 어려운 말로 하면, '지각知覺된 경관perceived landscape'이라고 합니다. '지각된 환경perceived environment'이라는 말도 많이 쓰는데, 어떤 경관이든지 경관성이 있느냐 없느냐를 평가할 때는 보는 사람의 눈에 따라 다르다는 거죠.

철학자 존 듀이John Dewey(1859~1952)에 따르면, 아름다움이라는 것은 대상 자체에 있는 것도, 또 보는 자의 눈에만 있는 것도 아닙니다.

아무리 보는 자의 눈이 있어도, 대상이 없으면 없는 거라는 겁니다. 보는 사람의 눈과 대상 간의 어떤 관계에 따라 결정되는 거죠. 이러한 관점에서 내가 느끼는 경관이라는 것은 물체 자체에 있느냐, 관찰자의 마음속에 있느냐, 중간 어디엔가 있느냐를 이야기해 볼 수 있어요. 이론적으로 공간이나 물체 자체에 있다고 할 수도 있고, 보는 사람과의 관계 속에 있다고 할 수도 있으며, 본 사람의 마음속에 있다고도 할 수 있죠.

이런 맥락에서 이를 '경관 평가landscape assessment'로 설명할 수 있어요. 기분이 울적하거나 세상을 비관적으로 보는 사람 눈에는 아무리 좋은 경관도 시시하게 보이고, 마음이 즐거운 사람들 눈에는 아주 초라한 단풍나무 잎도 아름답게 보입니다. 다시 말하면, 모든 사람 눈에 똑같이 보이지 않는다는 거죠. 개인마다 다릅니다. 그래서 우리가 경관을 평가할 때에는 경관 그 자체를 평가하는 것이 아니라, 경관에 대한 나의, 우리의, 보는 사람의 반응이 어떤가를 평가합니다.

인간의 지각과 지각 대상으로서의 환경 가운데 대상에 관심을 두느냐, 지각 과정에 관심을 두느냐, 혹은 지각하는 인간에 관심을 두느냐에 따라 분석 기법이 달라집니다. 대상에 관심을 두는 분석 기법 중에 수치화하는 방법이 있어요. 사람들이 좋아하는 경관이 있다고 할 때, 물의 양이 얼마나 있고, 하늘의 양이 얼마나 있으며, 나무의 양이 얼마나 있느냐를 분석하고 조합해서 '수치가 이러이러할 때 선호도는 이렇다'라고 객관적인 자료를 내놓을 수 있죠. 어떤 경관을 보전해야 할지 아닐지를 논할 때, 객관화한 수치는 판단에 도움을 줍니다. 저는 이런 수치화하는 기법을 좋아하지 않지만, 이 같은 방법은 신뢰도를 높이는 효과가 있어요.

도시 경관의 정의와 내용

도시 경관이란?

경관landscape에서 'land'라는 말 속에는 자연 경관의 요소가 가미되어 있습니다. 자연 경관은 지형과 나무, 물, 초원으로 구성되어 있죠. 반면에 도시 경관은 land 대신 'city'나 'urban', 'town' 같은 단어를 붙인 것입니다. 'townscape'라는 말은 영국에서 먼저 나왔습니다. 도시 경관 연구가 영국의 작은 마을에서 시작했기 때문에, 이 townscape가 제일 많이 쓰입니다. 도시 경관은 '보이는 그대로의 도시 모습'을 본다는 것인데, 여기서 '보이는'에 주목해야 합니다. landscape의 land에서는 기후의 변화가 중요하고, 생태적 움직임도 있습니다. 반면 도시에는 사람들이 삽니다. 나무 대신 건물이 있고, 물 대신 도로가 있죠. 생물 중에 가장 복잡한 사람들이 모여 사는 곳이기 때문에, 도시 모습을 본다고 했을 때 사회적 구조라든가, 문화적 구조도 함께 보입니다. 포괄적으로 감지되죠. 부차적인 의미에서 인간 활동의 중심이 되는 공간으로서 같이 보인다는 거죠.

그래서 보이는 대상이 아주 많아져요. 모든 시각 대상은 미적 특징이 있어야 합니다. 그렇다면 어떻게 해야 멋있느냐? 이것도 따져봐야 합니다. 어떤 사람이나 민족에게는 멋있어 보이는 경관이지만, 어떤 민족에게는 그러지 않을 수 있습니다. 민족적 편견, 세대에 따른 편견, 남녀 간 편견 등 여러 가지가 있지만, 보편적으로는 아름다워야 합니다. 어떻게 보이는 것이 아름다운가? 아주 어려운 과제 중의 하나입니다. 그것을 파헤치는 게 학문입니다.

그리고 도시 경관이라는 것은 자꾸 변합니다. 나무가 자라서 변하는 것은 어느 정도 예측 가능하지만, 도시 경관은 아주 역동적으로 바뀝니다. 물론 런던이나 파리같이 오래된 도시들은 바뀌는 양상이 굉장히 더딥니다. 바로크 시대인 1700년대나 1800년대에 도시가 다 형성되어서 파리의 라데팡스La Défense 같이 새로운 도시를 만들 때에는 옛모습을 파괴하지 않으면서 만들려고 노력했어요. 그래서 변화가 크지 않고 오래된 흔적도 많이 남아 있죠. 하지만, 서울 같은 경우는 굉장히 빠르게 변했습니다. 세계적인 도시가 되어 가면서 변하는 양상이 눈에 보입니다.

접미어 'scape'라는 말은 전망view, 그림picture, 장면scene 등 의미가 여러 가지인데, 여러 용어에 이 말을 붙여서 경관의 면면을 보여 줄 수 있습니다. 접두어에 따라 경관이 규정되기도 하지만, 상당히 비판적 개념을 가질 수도 있어요. 앞에 붙는 단어에는 물리적 요소를 지칭하는 단어뿐만 아니라 비물리적, 사회적 요소를 지칭하는 단어가 들어가기도 합니다.

scape 앞에 자연물을 지칭하는 단어가 붙으면, 자연물을 보는 것이 됩니다. 가령 seascape(해경(海景)), mountainscape(산의 경관), agroscape(농촌 경관), waterscape(수경(水景)) 같은 말들이 자주 쓰이죠. 앞서 잠깐 언급한 미국의 조경가 시먼즈가 쓴 『Earthscape: A Manual of Environmental Planning』(1978)도 있습니다. 이 책은 지구 밖에서 지구를 바라보는 경관을 다루고 있습니다.

도시의 정경情景을 나타내는 말로 제일 많이 쓰이는 것이 바로 'streetscape'죠. 도시 경관은 원경이나 근경보다는 대체로 중경으로 보이는 경우가 많은데, streetscape도 중경으로 통로같이 뚫린 가로街路 경관입니다. 'floorscape'도 쓰는데, 이는 바닥 경관이죠. nightscape(야경), 이것도 많이 쓰는 말입니다. 크리스마스 때가 되면 서울에도 덕수궁 일대에 아주 멋있는 야경이 연출됩니다. 요새 경상남도 진주에서는 등불 축제(진주 남강유등축제)를 하죠. 참 가보고 싶어요. 일부러 야경을 연출해서 축제를 하는 거죠. 이밖에 'colorscape(색채 경관)'도 있습니다.

infrascape. 'infra'라는 단어는 도시의 기반시설인데, 그것 자체가 경관으로 등장할 수 있습니다. 대표적인 예로 섬까지 이어지는 교량이 있지요. 우리나라 남해안 거제도에도 있지만, 섬과 육지를 하나로 이어놓으면 섬이 육지가 되어 큰 경제적 이득이 생깁니다. 따라서 많은 돈을 들여 만든 교량은 그 자체로 기막힌 구조물이 될 수 있으므로 아름다워야 합니다. 이 같은 이유로 교량 형태를 결정할 때 경관적 특징을 중요하게 다룹니다. 대표적인 infrascape죠. 그리고 요새 고속도로 만들 때 터널을 많이 뚫잖아요. 산과 만나는 터널 입구의 처리도 경관이라는 측면에서 아주 중요합니다. 한편 하수처리시설은 지하에 놓고 지상을 공원화하는 경우가 많습니다. 사람들 눈이 높아지니까 혐오시설인 인프라를 보기 좋게 만들려고 한 거죠.

비물리적인 요소가 scape 앞에 붙기도 합니다. peoplescape(인경(人景)). 가수 싸이가 공연하면 수만 명이 모여서 관람객으로 가득 차죠. 2002년 우리 월드컵 때도 그랬지만, 사람들이 많이 모여 있으면 이들이 내뿜는 기와 에너지가 같이 느껴집니다. 상당히 감흥 있고 감동적이죠. soundscape(음경(音景)). 도시에는 소리가 있어요. 자동차 소음도 있지만, 각 도시의 특징이 드러나는 소리들도 있죠. 각 지방마다 사투리가 있고, 숲에 가면 새소리가 들리기도 하죠. 이것들이 하나의 경관이 될 수 있어요.

brandscape(브랜드 경관). 보기 좋은 건축물이나 기념물을 만들어서 도시 상징물로 삼는 경우가 있습니다. 적극적으로 경관 요소를 도입하면 경관의 질을 높일 수 있죠. 서울시청 건물이 바로 그 역할을 해야 했는데, 좋지 않은 별명(쓰나미)이 붙었어요. 앞으로 이 평가가 어떻게 달라질지 모르겠지만요. 역사적으로 이러한 대표 사례로는 파리 에펠탑이 있죠. 130년 전에 만들어졌을 때는 악명이 드높았지만, 지금은 도시를 빛나게 하는 브랜드죠. 미국 맨해튼의 구 세계무역센터World Trade Center(WTC) 건물도 바로 그런 곳이었는데, 2001년 9·11 테러 때 무너지고 지금은 뉴욕에서 가장 높은 건물인 제1 세계무역센터One World Trade Center(1WTC)가 다시 들어섰죠. 2008년 베이징 올림픽 때는 중국의 조각가 아이웨이웨이艾未未(1957~)와 스위스의 건축사무소 헤르초크 앤 드 뫼롱Herzog & de Meuron이 협업해서 망 형태로 된 주경기장이 만들어졌어요.

다음으로, 비판적 개념을 말할 수 있어요. 일례로 'adscape'가 있습니다. 'ad'는 광고advertisement를 축약한 말인데, 광고 간판만 보이는 경관이죠. 'wallscape'는 고속도로 주변의 방음벽 사이를 다니는 듯한 느낌을 주는 답답한 경관을 이야기합니다. 'roadscape'나 'transportationscape'는 도로나 교통시설에 대한 경관을 말합니다. 대체적으로 교통시설은 그 자체로 아름답지 않고 환경오염이나 소음으로 인해 도시 경관을 저해하는 요소로 인식합니다. 청계천 고가도로를 없애기 이전의 청계천은 서울 사대문 안에서 그리 좋지 않은 경관이었는데, 이제는 많은 사람이 찾는 공간이 되었죠.

touristscape. 예를 들어, 런던이나 파리 길거리에서 보이는 사람들은 대부분 관광객들이에요. 관광지 상점에는 중국에서 만든 기념품들로 가득 찼죠. 진정성이랄까, 진짜다운 맛이 없어요. 상품도 그렇고 가로도 그렇고요. 진짜 관광객들이 가서 볼 만한 곳은 사라져가고 있어요. 이런 뜻에서 'touristscape'라는 말을 씁니다.

technoscape. '산업 경관'이라고 번역해야 할까요? 기술technology이 우선하는 경관이죠. 조선소라든가 공장지라든가, 이런 곳은 삭막하잖아요. 테크놀로지가 지배한다는 뜻에서 비판적입니다. flatscape. 평탄하고flat 무미건조한 지역을 말합니다. 'suburbscape'는 이제 우리나라에도 곧잘 보이는데, 도시를 조금 벗어난 지역suburb

에서 나타나는 경관입니다. 가구 공장이라든가, 대형 음식점이라든가, 물류창고라든가, 그 지역과 아무런 관련이 없는 요소들이 도심에서 빠져나와 서울 주변에 있어요. 전라남도 순천이나 구례 같은 데에 가면 특색 있고 아름다운 맛이 나는데, 서울 근교는 그렇지 않습니다.

도시 경관을 구성하는 것들

미국의 조경가 로렌스 핼프린이 『Cities』(1963)라는 책을 썼어요. 우리 나라에서도 『도시 환경의 미』라는 제목으로 번역해 여러 차례 출간되었죠. 이 책에서는 도시 경관을 구성하는 요소들의 특징을 잘 설명하고 있는데, 여기서 'floorscape'라는 말이 처음 나와요. floor는 도시의 바닥입니다. 도시의 바닥은 보행자나 자동차, 자전거를 탄 사람이 직접 발을 디디는 요소죠. 그러니까 floorscape는 발로 디딜 수 있는 도시의 상床을 말합니다. 수없이 많은 종류의 바닥 포장재가 있습니다. 질감이나 색상 같이 시각적인 느낌이라든가, 발로 밟으면서 느끼는 거라든가, 도시의 상을 이루는 것들입니다. 예전에는 보도블록이라고 해서 30×30cm 크기의 콘크리트 재료만 있었는데, 요즘은 벽돌도 나오고 수입 화강석 포장도 있고 다양해요. 서울 광화문광장에 가면 오돌토돌한 것도 있고, 반질반질한 것도 있고, 색깔도 다양해졌습니다.

다음은 3차원 요소입니다, 계단이나 경사로ramp, 걸터앉는 턱 같은 시설이 해당합니다. '건축법'과 '국토의 계획 및 이용에 관한 법률'상 '미관도로'라고 해서 중요한 도로에는 바로 면해서 건물을 세우지 못하고, 도로에서 대략 3m 정도 떨어져서 짓게 되어 있습니다. 건물과 도로 사이를 여유 구간으로 남겨두는 거죠. 어느 곳에는 턱이 있기도 하고 차를 세워 두기도 하지만, 휴식 공간을 만들거나 나무를 심어서 가로 경관을 풍부하게 해줍니다.

3차원의 요소로서 건물의 파사드façade(입면, 외관)가 무엇보다도 가장 중요합니다. 그다음은 가로 시설물입니다. 'street furniture'라고도 하죠. 버스 정류장부터 휴지통, 교통신호등, 안내 간판 등 아주 다양합니다. 최근에는 이 영역이 독립해서 '공공디자인'이라는 분야로 발전했습니다. 도시 경관을 이루는 중요한 시각 대상이자, 디자인 대상입니다.

다음은 수경waterscape. 도시에서 물은 여러 가지 방식으로 존재합니다. 청계천같이 흐르는 물이나 신세계백화점 앞 분수 시설도 있습니다. 경기도 일산이나 서울월드컵경기장 앞에 있는 거대한 호수는 많은 사람들이 매력을 느끼는 수경이죠. 우리나라 기후 조건에서는 겨울에 얼어 버리기 때문에 유지관리가 어려워요. 조그마한 수경 요소라도 도시에 도입되면, 시각적 효과도 있고 도시의 기온을 완화하는 데 도움이 됩니다. 요즘 눈에 많이 띄는 바닥 분수 같은 경우는 아이들이 참 좋아하죠.

도시 경관의 아주 중요한 요소지만, 도입하기 어려운 것이 바로 수목입니다. 수목도 물만큼 딱딱한 도시 경관 속에서 중요한 역할을 하는 요소입니다. 공기 정화도 하고 온도를 낮추기도 하지만, 수목을 심을 자리가 마땅치 않습니다. 가로수만 하더라도 건물 주인들은 간판을 가리거나 건물이 돋보이지 않는다고 싫어하곤 하죠. 심지어 밤에 몰래 베어내어 죽이기도 하고, 구정물을 갖다 버리기도 합니다.

심어 놓은 수목에 대해서도 민감하게 느껴야 하는데, 그렇지 않은 경우가 많아요. 수목 생리를 잘 아는 사람은 딱 보면 그 나무가 즐거운 마음으로 살아가고 있는지, 마지못해 힘겨운 삶을 이어가고 있는지, 그도 아니면 죽어 가는지를 알아챕니다. 서울 시내의 가로수들도 어려운 환경 속에서 자라고 있어요. 수분이나 영양분 공급이 충분하지 않죠. 가지도 너무 잘라요. 일 년에 7~8개월 이상을 몽둥이 같은 모습으로 있어서 가로수로서 효과가 없죠. 작은 수목이더라도 수목은 도시 경관에 녹음綠陰을 더합니다. 바로 여러분들이 두고두고 관심을 쏟아 수목을 살리도록 노력해야 합니다. 나무를 살리려고 하는 분야는 이 조경 밖에 없습니다.

도시 경관의 구성 이론

누군가가 보아서 경관이 느껴지는 것이지, 경관이 있는지도 잘 모르는 상태에서는 경관이란 말을 쓸 수 없습니다. 경관이란 반드시 보는 누군가가 있습니다. '공간과 물체로 이루어진 것'을 '관찰자'가 봅니다. 이를 환경심리론 관점에서는 '지각한다' 혹은 '체험한다'고 합니다. 그렇다면 우리가 느끼는 경관은 물체 그 자체에 있을까요? 관찰하는 우리 마음에 있을까요? 아니면, 중간 어디에 있을까요? 이 책의 일곱 번째 장인 '환경심리론'에서 좀 더 살펴볼 텐데, 이론적으로 보면 '공간이나 물체 자체', 혹은 '그것을 보는 사람과의 관계', 그도 아니면 '보는 사람의 마음속'에 있다고도 할 수 있습니다. 이러한 관점에서 도시 경관의 구성 이론 세 가지를 살펴보겠습니다.

첫째는 '물리적 배치의 구성론'입니다. 말하자면, 도시 경관을 구성하는 요소가 공간과 건물 같은 물체라는 겁니다. '본다'는 행위를 떠나서 그 자체가 어떻게 생겼는지를 분석하는 겁니다. 1889년에 출간된 『City Planning According to Artistic Principles』의 저자인 카밀로 지테Camillo Sitte(1843~1903)는 오스트리아 사람으로, 로마 등 바로크 시대의 도시를 대상으로 건물과 도로, 광장 사이의 관계를 분석하고 이를 도면화하는 연구를 했습니다. 그리고 결과적으로 바로크 도시가 미적인 원칙에 따라 만들어졌다는 것을 증명했습니다. 순전히 물리적 배치 상태만을 다룬 거죠. 이후 1959년에 나온 『Town and Square: From the Agora to the Village Green』을 쓴 독일의 건축가 파울 추커Paul Zucker(1888~1971)도 그와 비슷한 방식으로 연구했습니다. 한편, 이와 관련해 UC 버클리Berkeley 교수였던 건축사학자 스피로 코스토프Spiro Kostof(1936~1991)의 『The City Shaped: Urban Patterns and Meanings Through History』(1991)도 2009년에 『역사로 본 도시의 모습』이라는 책으로 번역되어 있습니다.

두 번째는 '시각 구조적 구성론'입니다. 아름다운 건물이든지, 청계천 물길이든지, 우리가 그 대상을 보는 순간에 느끼는 지각의 결과가 있습니다. 보는 순간에 자신이 받아들이는 영상이 있는 거죠. 경관을 지각하는 겁니다. 그런데 경관 지각은 주로 시지각視知覺, visual perception에 의존합니다. 물론 냄새나 소리도 있지만, 시지각이 85% 이상입니다. 그래서 '경관 지각'이란 눈으로 보는 경관을 말하고, 이를 분석하는 기법이 바로 시각 구조적 구성론입니다. 도시 경관은 회화나 조각 작품과 달리 고정된 지점에서 보지 않고 이동하면서 보니까, 연속적으로 본 것이 지각됩니다. 자신이 보고 있는 경관, 지나온 경관, 앞으로 볼 경관 사이에는 시각적 연속성serial vision이 있습니다. 이를 가리켜 '시각의 이중성'이라고 합니다.

이에 관한 대표적인 저술로, 영국의 건축가이자 도시계획가인 고든 컬런Gordon Cullen(1914~1994)이 1961년에 쓴 『Townscape』가 있습니다. 이분 제자가 바로 제 지도교수예요. 영국의 도시 경관 학파들은 영국 마을의 아름다움을 분석하면서 시각의 이중성에 중점을 두었습니다. 여러분 중에는 서울 북촌의 골목 경관이 구부러지며 변하는 게 흥미로워서, 그 길을 따라 산책해 본 사람이 있을 거예요. 열린 경관보다는 그런 구부러진 경관에서 사람들의 시각적 변화를 따지는 것이 바로 경관의 '시각 구조적 구성론'입니다. 이곳과 저곳here and there, 이것과 저것this and that의 연속적 연관성을 분석하는 거죠. 내 눈높이에서 볼 때 경관의 앞뒤 변화가 조화로우면 좋은 경관이지만, 갑자기 이상한 건

영국 요크(York) 시의 푸줏간 골목(The Shambles).
친밀한 스케일의 이 아름다운 골목은 고든 컬런의 이론을 뒷받침하는
대표적인 가로 경관이다.

물이 튀어나오면 경관의 시각적 변화가 깨지겠죠.

세 번째로 '이미지적 구성론'을 살펴보겠습니다. 이와 관련한 고전으로는 케빈 린치Kevin Lynch(1918~1984)의 『The Image of the City』(1960)가 있습니다. 우리나라에도 『도시의 상像』(1984)으로 번역되어 있어요. 지각perception과 인지cognition는 동시에 일어나지만 지각의 결과가 인지이며, 이 접근 방식에서는 인지에 중점을 둡니다. 가령 우리가 어떤 아름다운 경관을 본 후, 나중에 아른거릴 때가 있죠. 말하자면 지각한 경관이 머릿속으로 들어오는 겁니다. 이것을 '이미지'라고 합니다. 즉, 마음속의 이미지입니다.

이미지도 여러 가지가 있는데, 환경을 보고난 뒤 남는 이미지를 '환경 이미지environment image'라 하고, 그중 도시를 보고 느낀 것은 '도시 이미지'라고 합니다. 환경 이미지는 각 개인이 포착한 외부 환경에 대한 마음속의 그림mental picture이죠. 또한, 관찰자와 환경 사이 양방향 작용의 결과입니다. 그리고 지금 바로 본 것(지각)과 과거 경험의 종합적 산물입니다.

이 같은 사전 지식을 바탕으로, 케빈 린치의 연구 방법을 살펴보겠습니다. 이분은 앞의 사람들처럼 사진을 찍거나 스케치로 분석하지 않고, 미국 대도시인 로스앤젤레스와 보스턴, 그리고 뉴욕 변두리인 저지시티Jersey City, 이 세 도시에 사는 사람들에게 종이를 한 장씩 나눠 주고 지도를 그려보게 했습니다. 이미지맵이죠. 이를 '인지도認知圖, cognitive map'라고 합니다. 그런데 사람들이 그린 도시 경관은 그들 눈높이eye level에서 바라본 모습이 아니라, 마치 도면처럼 위에서 내려다본 형태였습니다. 이 연구의 결과로, 사람들은 실제와는 전혀 다른 인지도를 그렸습니다.

사람들이 그린 그림을 분석해서 특성을 뽑아보니, 다섯 가지 구성 요소가 나왔습니다. 즉, 'paths', 'edges', 'districts', 'nodes', 'landmarks'입니다. 여기서 paths는 길입니다. edges는 가장자리죠. districts는 특정 지역입니다. 서울 사대문 안이나 대학로의 마로니에 공원같이 아주 특징적인 곳을 말합니다. nodes는 접점으로, 길과 길이 만나는 곳입니다. 대개 광장을 겸하는 경우가 많습니다. landmarks는 눈에 띄는 요소입니다. 서울의 경우는 산이겠죠. 이러한 것들이 보스턴 같은 도시에서는 아주 뚜렷하게 부각됩니다. 저지시티 같은 곳은 뉴욕의 변두리다보니 불분명하고, 로스앤젤레스는 방대해서 잘 나타나지 않습니다. 이렇게 조금씩 차이는 나지만, 어느 도시에서나 존재합니다. 케빈 린치 이후 많은 학자들이 여러 곳에서 이 연구를 진행했는데, 다들 유사하다는 점이 증명되었습니다. 저도 우리나라 전주와 경주를 대상으로 연구해 봤더니, 동일한 결과가 나왔습니다. 위의 다섯 가지 요소가 명료할수록 도시의 이미지imageability가 높아져 멋있는 도시가 됩니다.

이탈리아 피렌체의 전경. 도시 이미지를 연구한 케빈 린치가 '이미지가 가장 강한 도시'로 지칭한 곳으로, 시내의 피렌체 대성당(Duomo di Firenze)에서 내려다본 모습이다.

우즈베키스탄의 오아시스 도시, 히바(Khiva). 건조한 사막에 어도비(adobe) 벽돌만으로 조성한 요새 도시다. 마치 시간이 정지한 듯한 정적이 감돌아 필자가 둘러본 도시 가운데 가장 강한 이미지를 받은 곳이다.

서영애

역사도시 경관,
무엇을 어떻게 설계할 것인가

문화 경관의 확장으로서 역사도시 경관

도시 경관은 필연적으로 변화를 동반한다. 역사도시 서울은 조선시대
에서 일제강점기를 거쳐 한국전쟁을 겪은 후 급성장을 거듭하며 가파
르게 변화했다. 역사 자체보다는 미래의 기대가 더 중요했던 이전과 달
리, 2000년대로 접어들면서 역사의식이 변하기 시작했다. 가까운 과거
도 역사의 한 부분이라는 인식이 생기며 시간의 지평이 넓어졌고, 교과
서적인 단일한 서사보다는 다원적 역사에 보다 관심을 갖게 되었다.[1]
발터 벤야민Walter Benjamin은 역사 인식의 전환에 대해 "역사 인식의
방점이 단순히 과거에 일어난 일과 사건을 '기록하는 것'에서 '기억하
기 위한 행위'로 바뀌어야 한다"고 강조했다.[2] 기억의 행위는 경관의 변

---

1. 강홍빈, "시간 속에 살다, 역사도시 서울", 『역사도시 서울, 어떻게 가꾸어 갈 것인가?』(심포지엄 자료집),
   서울특별시·한국도시설계학회, 2011.
2. 최성만, 『발터 벤야민 기억의 정치학』, 도서출판 길, 2014, pp.373~378.

화에 어떤 영향을 미쳤을까. 역사경관의 설계는 무엇이 특별한가.

다음 사진에서는 서울이 가진 시간의 힘과 역동적 변화를 한눈에 볼 수 있다. 남산 분수대 주변으로, 2014년 한양도성 발굴 당시의 모습이다. 한양도성이 있을 것이라고 추정한 곳에서 조선시대 성곽 외에도 여러 시간의 흔적들이 발견되었다. 한 프레임 안에 태조·세종·순조 때 축조한 조선시대의 성곽, 일제강점기의 신궁 배전拜殿터, 1956년에 세워진 이승만 대통령 동상의 기초, 1969년 당시 국내 최대를 자랑했던 분수대, 1970년에 건립된 교육연구정보원(당시 어린이회관)이 담겨 있다. 세계 어느 도시에서도 찾아보기 쉽지 않은 다층적인 시간의 지층이다. 이처럼 변화를 거듭하는 도시의 유산을 설명할 새로운 개념이 필요하다.

현대 도시와 역사문화유산 사이의 경계가 공간적으로 모호해지고, 도시 경관과 문화유산의 가치와 상관관계가 밀접해진 상황을 설

남산 회현자락 중앙광장 분수대 주변의 한양도성 발굴 현장.
여러 시간의 층위가 한 프레임에 담겨 있다.

명하기 적절한 개념이 '역사도시 경관'이다. 유네스코 세계유산센터 UNESCO World Heritage Centre가 문화 경관cultural landscape의 개념을 적용 가능한 도시 차원으로 확장한 것이 역사도시 경관historic urban landscape이다. 변화에는 역동적인 성격을 다룰 중재 과정이 필요하며, 과거와 현재, 미래의 변화 과정을 통합적으로 이해할 수 있어야 한다.[3] 역사도시 경관이란 역사 도심이나 집합체의 개념을 보다 넓은 도시 맥락 및 지리 환경까지 확장시켜 '문화적 가치와 사회적 가치들이 역사적으로 중첩된 것'으로 이해할 수 있는 도시 지역을 말한다. 그 범위는 지형, 역사와 현대를 포함하는 건조 환경, 도시 기반시설, 토지 이용 방식과 공간 조직, 시각적 관계, 도시 시설물 외에도 사회문화적 가치, 경제적 과정, 다양성과 정체성에 관련된 유산의 무형적 내용을 포함한다.[4]

역사도시 경관의 개념을 적용하여 현실적으로 적용할 수 있는 접근 방법이 필요하다. 역사 지역을 도시 전체의 맥락에서 이해하는 방식으로 도시의 물리적 형태와 공간 구조, 자연 형태와 환경, 사회문화적 가치들을 고려해야 한다. 이를 위해 조사와 기록, 지역사회 구성원의 참여를 통한 계획, 다양한 이해 관계자의 파트너십 구축, 보존과 개발이 통합된 계획을 수립하는 일이 필요하다.[5] 현재는 개념과 원칙에 대한 논의의 단계를 넘어서서 세계의 다양한 도시를 대상으로 한 실천적 방법이 모색되고 있다.[6]

한국에서 역사도시 경관 개념에 입각한 접근 방식을 적용한 프로

---

3. Francesco Bandarin and Ron van Oers, *The Historic urban Landscape: Managing Heritage in Urban Century*, Chichester: Willy Blackwell, 2014, Preface.
4. "Recommendation on the Historic Urban Landscape", General Conference - 36th Session, UNESCO, 2011, 8~9조: 제36차 유네스코 총회(파리, 2011. 10. 25.~11. 10.)에서 채택한 「역사도시 경관에 관한 유네스코 권고(UNESCO Recommendation on Historic Urban Landscape)」는 보다 명확하게 역사도시 경관의 개념과 접근 방식을 정의한 바 있다.
5. 위의 문헌, 24~30조.

젝트 사례는 드물지만, 최근 5년간 서울시에서 진행된 몇몇 설계공모 과정에서 그 가능성을 엿볼 수 있다. 서울의 역사를 담고 있는 대상지에서 각 시간의 지층이 어떻게 다루어지고 있으며 무형적 가치가 설계에서 어떻게 다루어지고 있는지, 남산 회현자락과 세종대로 프로젝트를 사례로 탐색해보기로 한다.

시간의 켜는 어떻게 재현되는가: 남산 회현자락

2014년 회현자락 한양도성 구간을 대상으로 '남산 회현자락 한양도성 보존·정비 및 공원조성(3단계) 설계공모'가 열렸다(대상지에는 앞의 그림의 범위가 포함된다). 설계공모의 목적에는 '특정 시대로의 복원이 아닌 중첩된 시간과 기억, 추억을 담아 낼 수 있는 창의적 설계'가 명시되어 있다.[7] 1·2단계 구간과 달리 발굴 작업과 동시에 다양한 분야의 전문가가 모여 발굴 우선순위, 이식 수목 선정, 분수대 존치 방안 등 쟁점 사안을 논의했다. 일반 입찰 방식이 아닌 설계공모 방식을 채택하고 학술대회를 개최하는 등 과정을 존중하는 설계로 진행되었다.[8]

당선작인 '한양도성, 發表(발표): 세상에 널리 드러내어 알리다'(우리엔디자인펌+조선건축)와 모든 제출안을 분석해 보면, 남산 회현자락이 가지는 시간적 켜가 설계의 중요한 쟁점으로 작동했음을 알 수 있다.

---

6. 다음의 문헌에서 최근의 활동을 살펴볼 수 있다. Ana Pereira Roders and Francesco Bandarin, *Reshaping Urban Conservation: The Historic Urban Landscape Approach in Action*, Springer, 2019. 이 문헌은 역사도시 경관 접근의 개념으로 24개 도시의 사례를 실증적으로 분석·비교했으며, 지역과 도시계획의 관리 측면에서 미래 경쟁력을 높일 수 있는 실천 가능성을 제시하고 있다.

7. 「남산 회현자락 한양도성 보존·정비 및 공원조성 설계공모지침서」, 서울특별시, 2013.

8. 「남산 회현자락 3단계 발굴조사 및 공원조성 자문위원회 회의록」, 서울특별시, 2014. 발굴 과정에서 향후 보존과 활용을 논의하기 위해 건축역사학자, 역사지리학자, 고고학자, 공공조경가 등으로 자문위원회가 구성되었다. 2년간 수차례의 현안 회의가 열렸고, 설계공모지침과 심포지엄 등을 기획했다.

당선작의 주 입단면도. 잠자리 날개 같은 캐노피의 켜가 덧대져
남산의 능선과 한양도성의 성곽과 조응하며 상승한다.

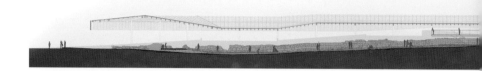

각 팀 별로 가장 중요하다고 판단한 시간대를 선택하기도 했고, 모든
시간대의 층위를 공간 설계의 적극적 실마리로 활용하기도 했으며, 시
간의 켜를 경험할 수 있도록 입체적인 아이디어를 제안하기도 했다.[9]

한양도성의 세계유산 등재 신청과 심사가 이루어지는 과정[10]에서
공원 조성을 우선적으로 시행하고 한양도성에 대한 보존과 정비에 관
해서는 추후 재론再論하는 쪽으로 상황이 변했고, 2017년 '남산 회현자
락 한양도성 현장유적박물관 설계공모'가 시행되었다. 이 공모의 지침
서에는 추정에 의한 복원 방식을 지양한다는 기본 방침 외에, 유산을
다루는 방식에 대해서 세부적인 지침이 제시되었다. "물리적인 구조물
은 유구를 훼손하지 않는 범위에서 조성되어야 하며, 미래에 새로운 해
법이 등장할 경우 유구 훼손 없이 해체하고 제거할 수 있는 가역可逆 가
능한 방식을 선호한다"고 규정하였다. 또한, "디자인 요소는 그 자체를
드러내기보다는 주변 환경을 부각시키며, 남산의 경관을 훼손해서는
안 된다"는 구절에서는 남산 경관에 대한 중요성도 강조하고 있음을

9. 서영애, "남산 회현자락 설계공모 출품작에 대한 역사도시 경관적 분석", 『한국조경학회지』 43(4), 2015,
    pp.27~36.
10. 2016년 세계유산센터에 등재신청서를 제출했으나, 2017년 심사에서 등재 불가 판정을 받았다.

©건축사사무소협동원

읽을 수 있다. 한 가지 더 눈에 띄는 세부설계 지침은 여러 시간의 켜에서 그 중요도에 따라 어떻게 활용할지를 규정한 부분이다. "조선신궁 배전터 보호시설의 규모와 방식이 한양도성 유적 자체와 그것의 보존하는 시설을 압도하거나, 한양도성 유적의 원형 보존과 관람에 부정적 영향을 주어선 안 된다. 조선신궁 잔존 옹벽과 기단석, 분수대는 현상 유지시설 영역으로 구분하여 추가 시설로 인해 분수대로서의 인식이 불가한 방식은 지양한다"는 구체적인 제시문에 주목할 필요가 있다.[11]

이 공모에서는 '임시적 층위, 엄격한 잠정성'(건축사사무소협동원+감이디자인랩)이 당선작으로 선정되었다.[12] 설계자들은 한양도성의 보호각保護閣이 드러나기보다는 기존 경관에 스며드는 최소한의 개입 방법을 택했다. 보호각은 기둥과 지붕으로만 이루어진 가벼운 구조물로, 한양도성 성곽 유구와 남산의 능선을 따라 자연스럽게 흘러간다. 이민아 소장과 정우건 소장은 보호각을 "잠자리 날개"라고 표현했다. 그들은 훼손된 경관을 회복하기보다는 폐허가 된 유산이 있는 그대로 체험되기

---

11. 「남산 회현자락 한양도성 현장유적박물관 설계공모지침서」, 서울특별시, 2017.
12. 프로젝트 서울 홈페이지(https://project.seoul.go.kr). 공모지침서에는 현장유적박물관이란 "유구가 실재하는 현장 자체를 효과적으로 보존하면서 과학적, 디자인적 개입을 통하여 방문객들이 현장을 체험할 수 있도록 하는 것"이라고 정의되어 있다.

를 원했다. 억새를 배경으로 성곽 유구가 우세 경관을 이루도록 계획했다. 일제강점기의 흔적인 배전터는 별도의 보호 시설을 하지 않은 채 노출시켜, 시간 변화에 따라 서서히 풍화되는 과정을 전시하기로 했다. 단, 사료 가치가 있다고 판단되는 기초 연결 부분은 별도로 전시관으로 이동하여 보존한다. 이민아 소장은 한양도성의 보호각은 임시의 층위이지만, 가설 시설과 구분 짓는 엄격한 기준의 개념임을 강조했다. 이러한 설계 철학은 당선작의 제목 자체에 강하게 드러나 있다.[13]

한양도성 현장유적박물관은 심의와 실시설계를 마치고 공사 중에 있으며, 2021년 초에 개관할 예정이다. 공사 과정에서 청동기 유구와 일제의 방공호가 발견되는 등 예상하지 못한 변수로 인해 공사가 지연되고 있다. 600년간 땅속에 묻혔던 시간의 흔적이 현재의 시간과 어떤 모습으로 만나 어떻게 변화해갈지 주목된다.

무형적 가치는 어떻게 존중되는가: 세종대로 역사문화공간

(구)국세청 별관은 세종대로를 사이에 두고 서울시청사와 마주하고, 덕수궁, 성공회 성당, 서울시의회 건물에 둘러싸여 있었다. 2015년 광복 70주년을 맞이해 서울시는 일제강점기에 지어져 현재까지 국세청 별관으로 사용되던 건물을 철거하고 '세종대로 역사문화공간 설계공모'를 시행했다. 국세청 별관 대지를 광화문에서 시청을 연결하는 건축 유산과 다양한 활동을 담고 있는 주변 지역과 연계하여 과거, 현재, 미래를 담는 장소로 조성하고자 한 것이다.[14]

13. 건축사사무소협동원 이민아 소장, 감이디자인랩 정우건 소장과의 인터뷰, 2019년 7월 16일.
14. 「세종대로 역사문화공간 설계공모지침서」, 서울특별시, 2015.

세종대로는 켜켜이 중첩된 역사의 흔적이 쌓인 곳으로, 고종의 도시 개조 프로젝트를 통해 근대적 골격을 갖추게 되었다. 대상지는 이러한 도시 구조의 핵심 위치에 있다. 대상지 주변에 건물들이 많고 교통 요충지로서 유동 인구가 많다는 점에서 향후 다양한 활동과 이벤트가 자유롭게 일어날 잠재력을 지니고 있다. 국세청 별관의 철거로 성공회 성당의 파사드가 세종대로에 드러나게 되면, 기존 가로 경관에 큰 변화를 가져오게 된다. 국세청 별관과 서울시의회 건물은 일부 철거와 증개축을 통해 본래의 가치를 상실한 반면, 성공회 성당은 초기 도면을 찾아 복원하면서 현재에 이른 상태다.[15]

당선작인 '서울 연대기'(터미널7아키텍츠건축사사무소)는 국세청 별관 터 주변의 역사적 층위와 서울을 에워싼 자연 지형의 높이와 켜를 주제로 계획한 안이다. 구조물 자체는 주변 맥락 속에서 최대한 드러나지 않도록 계획했다. 서울 연대기Seoul Chronicle라는 제목에서 드러나듯 지하 광장 아트리움에서 덕수궁 쪽 벽을 '아카이브' 벽이라 명명하고, 서울 성곽을 쌓는 방식과 발굴된 유적을 전시하는 지층과 덕수궁 돌담을 연장하는 벽을 만들고자 했다.[16] 시공간의 켜가 만드는 장소를 만들기 위해 덕수궁 돌담 높이로 살짝 띄운 지붕은 덕수궁의 역사에 대한 존중을 상징적으로 표현했고, 지붕 아래에 기존 건물을 남겨서 쌓은 아카이브 영역과 보이드void 영역을 설계하였다.[17]

주변 여건상 비교적 오랜 시간이 걸린 설계와 시공 단계를 거쳐 2019년 3월 '서울도시건축전시관Seoul Hall of Urbanism & Architecture'으

15. 서영애, "역사도시 경관으로서 세종대로 (구)국세청 별관 부지 설계", 『한국조경학회지』 44(1), 2016, pp.107~118.
16. 터미널7아키텍츠건축사사무소 조경찬 소장 인터뷰, 2019년 7월 29일. 심의와 자문 과정, 시공사와 운영 주체와의 협의 단계를 거치면서 애초에 제안한 아카이브 벽이 구현되지 못하고, 설계안의 일부 재료도 반영되지 못했다.
17. "세종대로 역사문화공간 설계공모", 『환경과조경』 331호, 2015, pp.40~43.

덕수궁 등 주변의 역사적 층위를 고려한 설계 개념의
서울도시건축전시관

(구)국세청 별관이 헐리면서 뒤편의 성공회 성당이
가로에 드러나게 되었다.

로 개관하였다. 개관 전시로서 비엔나와 서울의 과거·현재·미래를 기록하고 조망하는 전시가 열렸으며, 지속적인 아카이빙 작업으로 공간의 용도를 확장할 예정이다.[18]

2019년, 서울도시건축전시관 옥상 공간에 대한 디자인 공모가 시행되었다. '서울마루Seoul Maru'라고 불리는 이 공간은 세종대로보다 약 3m 높아서 새로운 눈높이로 주변 도시를 볼 수 있다. '마루'라고 이름이 붙은 것은 이곳에 머무르며 서울의 역사, 특히 도시를 이루는 다양한 켜를 볼 수 있기 때문이다. 공모지침서는 특히 대상지의 특성과 가치를 강조하고 있다. 남쪽으로는 덕수궁(조선), 북쪽은 서울시의회(구 경성부민관, 일제강점기), 서쪽에는 성공회 본당(대한제국), 동쪽엔 서울시청과 서울광장(현대), 서울도서관(구 경성부청, 일제강점기) 등을 볼 수 있는 장소로, 빠르게 변화하는 현대 대한민국 수도의 중심인 이곳에서 휴식과 함께 주변을 볼 수 있는 여유를 주는 공간이라는 점이 지침서에 강조되어 있다.[19]

이 공간의 특징은 '한시적이지만 유연한 공간'이라는 점이다. 특정 시기와 주변 여건 등에 따라 변경이 불가피하더라도 다채로운 도시적 활동이 가능하도록 유연한 공간을 조성하되, 한시적일 수 있음을 고려해야 한다는 것이다. 물리적 공간에 대한 설계와 콘텐츠에 대한 지속 가능한 논의와 공간별 특성을 고려한 연계 디자인을 통해, 역사문화적 가치를 이어가고자 하는 특별한 사례라고 볼 수 있다.

---

18. 서울도시건축전시관 홈페이지(www.seoulhour.kr/main/ko/)
19. 「서울마루 2019 디자인공모전 지침서」, 서울특별시, 2019.

역사도시 서울의 경관 패러다임, 변화와 가능성

앞의 두 가지 설계 사례에서 세 가지 시사점을 구할 수 있다. 첫째, 설계 대상지의 역사적 특성에 따라 시간적 층위를 강조하며 주변 경관과의 조화를 꾀한 점이다. 특정 시기—주로 조선시대—만을 우선시하던 태도에서 벗어나, 적층된 다양한 시간의 가치를 인정하며 대상지 주변의 역사문화적 맥락을 함께 고려하고 있다. 남산의 현장유적박물관과 세종대로의 서울도시건축전시관은 그 자체가 드러나기보다는 주변 경관에 자연스럽게 스며들도록 계획했다.

둘째, 변화에 유연하게 대처한다는 점이다. 경관은 고정된 것이 아니라 당대의 패러다임과 기술 발전에 따라 변화할 수 있다는 시각이다. 이러한 태도를 보여주는 구체적인 부분으로「한양도성유적박물관 지침서」에 명시된 "미래에 새로운 해법이 등장할 때, 변경할 수 있는 가역적 방법", 그리고 서울마루 공모가 요청한 "한시적이지만 유연한 공간" 등을 들 수 있다. 도시의 변화를 부정적으로만 인식하던 관례에서 벗어나, 변화 그 자체를 수용하고 당대의 기술력으로 과학적 개입을 허용한다는 면에서 주목할 만하다.

마지막으로, 설계 과정에서 과정적·통합적인 방식으로 접근하였다는 점이다. 한양도성 구간에 대해서는 2013년 발굴 시점부터 공원 조성과 유구의 보존 방식에 대해 논의를 시작해서 2019년 현장박물관 조성에 이르기까지 오랜 시간 동안 설계와 단계별 공사가 이루어지고 있다. 세종대로 역사문화공간도 2015년에 (구)국세청 별관의 철거로 시작하여 현재까지 단계적으로 설계와 시공이 이루어지고 있으며, 공간의 지속가능한 활용을 위해 아카이빙, 전시, 교육 등의 프로그램이 연계되고 있다.

두 가지 사례는 역사도시 경관의 설계 접근 방법으로 볼 때 지역

주민의 적극적 참여, 민관 파트너십의 구축을 통한 프로세스라는 측면에서는 미진한 면이 있다. 이해 당사자의 충돌, 예산 편성, 관련 부처의 소통 부재 등 실행적인 측면에서도 아쉬운 점이 있다. 그럼에도 두 설계 사례에서 드러난 변화의 조짐은 역사도시 서울의 경관 변화에 긍정적으로 기여할 것으로 기대한다.

서울의 많은 장소에는 시간의 켜가 누적되어 있으며, 집단적 기억이 공존하고 있다. 향후 서울 전체의 역사도시 경관에 대한 보존, 활용, 관리 기본계획이 필요할 것이다. 우선은 서울의 역사문화자원 조사를 통한 아카이빙 작업이 선행되어야 하며, 각 대상지 특성에 따른 보존과 활용 가이드라인을 구축할 필요가 있다.

이규목은 이미 2000년대 초반에 21세기 우리 도시 경관의 새로운 패러다임 중 하나로 '문화'의 가치가 중요하게 부각될 것임을 예견한 바 있다. 정치·경제 중심의 패러다임에서 문화 중심의 패러다임으로 전환될 것이라고 본 것이다. 그는 과거의 전통문화와 현재·미래의 지역문화의 단절을 없애야 하며, 지역 고유의 자연과 풍토·생태의 지속가능성을 유지해야 한다고 강조했다.[20] 서울 고유의 경관 특성을 유지하면서 변화에 유연하게 대처해 나가는 구체적이고 실천 가능한 방법을 모색해야 한다. 현재의 경관에 인간이 개입하는 일은 과거에서 미래로 이어지는 과정에 오늘이라는 켜를 덧대는 일이다. 경관이란 과거부터 수많은 변화를 거치며 쌓아온 결과물이기 때문이다.

---

20. 이규목, 『한국의 도시 경관: 우리 도시의 모습, 그 변천·이론·전망』, 열화당, 2002, pp.235~244.

이규목 · 최정민

조경계획론

어떤 목표에 도달할 수 있도록
유도하기

현대 조경계획·설계의 쟁점

이규목

어떤 목표에 도달할 수 있도록 유도하기

제가 대학에 30년 넘게 재직하는 동안 한 번도 거르지 않았던 강의입니다. 계획이라는 관점에서 대학의 학문 분야는 '계획을 공부하는 분야'와 '계획과 관계없는 분야'로 구분할 수 있습니다. 계획을 비중 있게 다루는 대표적 분야로는 조경학, 건축학, 도시계획학이 있습니다. 경영학, 경제학에서도 계획 개념은 굉장히 중요한 사고 체계죠. 반면에 소위 '인문학'이라고 불리는 문학, 어학, 철학, 심리학 계열과 생물학, 물리학 같은 이학 계열 분야에서는 계획의 영역이 없거나, 있어도 비중이 크지 않습니다.

조경계획과 설계, 무엇이 다른가

조경 분야에서 '스페셜리스트'는 특수한 분야의 전문가를 말하고, '제너럴리스트'는 조경의 여러 가지 문제를 상담하고 방향을 잡아 주는 역할의 사람을 말합니다. 이 제너럴리스트가 조경계획가landscape planner

162

가 되는 데 유리합니다. 다방면으로 알아야 한다는 거죠.

　　계획은 "어떤 목표에 도달할 수 있도록 유도하는 행동 과정의 설정laying out a course of action"으로 정의됩니다. 이러한 계획 개념은 우리 생활과도 관련이 매우 깊습니다. 여행 계획을 예로 들어 볼까요? 여행 목적과 비용 및 기간이 정해지면, 그 기준에 맞는 여행지 A·B·C를 선정해서 그중 어느 곳이 더 적합한지 평가합니다. 일종의 대안 선정 및 평가입니다. 그 가운데 A가 가장 적합하다고 판단되면, A로 여행하기 위한 계획을 구체적으로 세울 수 있습니다. 이와 유사한 과정으로 내 집 장만 계획을 세울 수도 있습니다. 계획을 짜서 하는 것과 무작정 되는 대로 하는 것은 차이가 있습니다. 계획할 수 있는 능력은 인간의 특징 가운데 하나입니다. 동물은 계획할 줄 모릅니다. 문제 상황에서 즉각적인 반응만 하죠. 인간만이 어떤 문제가 발생했을 때 해결하는 방법을 끌어낼 수 있습니다.

　　계획에서는 목표를 잘 설정해야 합니다. 목표는 아주 이상적인 '목표goals'와 대상지에서 구체적으로 실현하기 위한 '목적objects'으로 구분합니다. 예를 들어, 서울시립대학교를 다른 곳으로 이전하고 그 자리를 공원화하는 공공 프로젝트가 있다고 가정합시다. 이때 "왜 공원화를 하느냐?"는 질문이 제기될 수 있습니다. "도시민들의 여가 선용 기회를 높이고, 생활의 질을 향상하기 위해서" 혹은 "환경의 질을 높이기 위해서"라고 답할 수 있습니다. 이것이 목표입니다. 매우 추상적이죠. 이러한 목표를 실현하기 위해서 "여러 가지 여가 활동의 장소를 제공"한다는 구체적인 목적을 설정할 수 있습니다. 목표와 목적을 설정한 이후에는 기준과 방침을 정합니다. 도면보다는 서술적인 내용들로 작성되는 경우가 많습니다. 그리고 이러한 목표와 목적, 기준과 방침이 달성될 몇 가지 대안을 작성해서 평가한 다음, 최종 안을 채택합니다. 이후로는 채택한 안을 발전시키고 시행하게 됩니다. 이 과정에 관해서는 뒤에서 좀 더 자세히 다루겠습니다.

그런데 조경은 계획만으로 끝나지 않고, '설계'라는 과정이 있어야 합니다. 땅을 다루는 분야이므로 그 땅의 구체적인 형상을 만들어야 합니다. 물리적 형상을 구체적인 그림으로 그려내야 하는 거죠. 쉽게 말하자면, 계획은 글이나 말로 하는 것이고, 설계는 그림을 그리는 것으로 볼 수 있습니다. 길은 어떻게 내고, 녹지 공간이나 운동 공간은 어디에 어떻게 만들어야 하는지 구체적이고 자세하게 그려내야 합니다. 조경은 땅을 가지고 하는 것이기에, 땅 모양을 구체적으로 만들어야 합니다. 그렇다면, '설계'란 무엇일까요? 이는 설계라는 문제의 해답을 내는 겁니다. 그런데 그 '문제'라는 것이 바로 문제입니다. 가령 '서울 시내 공기가 굉장히 나빠서, 아토피도 생기고 사람들 건강을 해친다'는 문제에 대해, "공기 문제가 심각해서, 나는 서울 도시 속에 더는 살 수 없어서 농촌으로 가야겠다!" 이렇게 생각하는 사람이 있고, "그거 뭐 문제될 것 있나. 그래도 여기가 여러 가지 좋은 기회가 많고, 일터도 제공하니까 도시가 좋다!" 이렇게 생각할 수도 있습니다. 누군가에게는 문제인데, 누군가는 문제가 아닙니다. 소득이 높은 계층한테는 문제가 안 되는데, 소득이 낮은 계층은 문제가 될 수도 있습니다. '무엇'이 '왜' 문제가 되는가에 대한 인식을 갖는 것이 중요합니다. 문제를 제대로 파악 못하면, 문제만 가지고 살게 됩니다.

다시 '계획'에 대한 설명으로 돌아가지요. 현상을 읽어내려 하고, 통계 같은 여러 자료를 수집·분석해서 문제점을 파악한 뒤, 그 해결 실마리를 찾아가는 과정이 바로 계획입니다. 계획 과정에서 문제만 제대로 파악하면, 바로 그 안에 답이 있습니다. 문제 파악을 할 때 고려할 점이 몇 가지 있습니다. 먼저 그 문제가 내 개인의 문제인지, 보편적 사회 문제인지를 생각해야 합니다. 또한, 그 문제가 실제와 부합하는지 적실성適實性도 검토해야 합니다. 현실감이 없는 문제의식도 있죠. 컴

퓨터 가상공간에서는 해결될지 몰라도, 현실 세계에선 해결하지 못할 수도 있습니다. 예를 들어 "서울 공기가 안 좋아서 출퇴근하기도 어렵다"고 문제를 제기할 수는 있어도, 이를 해결하기는 어렵습니다. 그러나 "서울의 가로는 녹지 공간이 부족하다"는 문제 제기는 해결책이 있습니다. 가로수를 심는다든가, 가로를 공원화하면 됩니다.

그래서 합리적으로 계획하려면, 논리적이고 객관적 사고가 필요합니다. 다양한 정보와 데이터를 수집하고 일반화해서 논리적으로 풀어나갈 방법을 모색합니다. 우리 두뇌는 우뇌와 좌뇌 기능으로 구분할 수 있습니다. 암기하거나 공부하는 것, 자료를 수집하거나 분석하는 일은 왼쪽 뇌의 기능에 해당합니다. 이 논리적이고 객관적인 계획적 사고는 교육을 통해 발전 가능합니다. 반면, 문제를 해결하는 것은 논리적 사고만으로는 어렵습니다. 문제를 정의하는 건 계획적 사고이지만, 문제를 해결하는 일은 설계적 능력입니다. 설계는 직관적이고 주관적이며, 상상력과 창의력이 필요합니다. 창의적인 생각은 바로 오른쪽 뇌의 기능입니다. 좌뇌적 사고와 우뇌적 사고가 적절히 교류하여 균형을 갖출 때, 사람은 여러 가지 능력을 가질 수 있습니다. 일반적으로 우리 사회는 우뇌 사고를 할 기회가 적습니다. 좌뇌 사고가 필요한 각종 정보에 치우쳐서 삽니다. 정보를 처리하는 일도 점차 간편해지고 있습니다. 스마트폰 같은 기기들이 인간의 사고를 대신해 주고 있죠.

설계는 일반론이 없어서 교육이 참 쉽지 않습니다. 설계 이론과 방법론을 연구는 하지만, 한계가 있습니다. 개인의 직관·감각·감성이 관계되기 때문입니다. 관련 훈련을 통해 창의적 능력을 키울 필요가 있습니다. 저는 나이가 들면서 명상에 관심이 생겼습니다. '명상'이란 머리를 비워내는 작업입니다. 즉, 머릿속을 비워내고 상상력이 발동하도록 준비하는 과정입니다. 명상은 우뇌 사고를 활발히 하는 데 도움이 됩니다. 여러분께도 명상을 권합니다. 명상을 통해서 '내가 왜 살지?',

'내가 무얼 할 수 있지?', '내가 왜 저 사람을 사랑하지?', '내가 왜 조경
학과에 다니지?' 같은 질문에 관해 곰곰이 생각해 보는 시간을 갖길 바
랍니다. 이런 반사적 기능reflective function은 인간의 특징 가운데 하나
이자, 직관적 사고의 시작입니다. 이런 생각을 하지 않는다면, 본인이
뭘 하고 있는지 모르면서 지내게 됩니다. 쫓기듯 살아간다는 겁니다.

조경계획은 어떤 과정으로 진행되는가

이제, 실제 조경계획 프로젝트가 어떻게 진행되는지 한번 살펴보겠습
니다. 앞서 가정했던 사례인 서울시립대를 이전하고 현재 부지에 공
원을 만드는 프로젝트를 예로 들어 설명하겠습니다. 조경계획은 조사
하고 분석·종합해서 발전해가는 과정으로 이루어집니다. 그 과정을
'SAD'라고 하는데, 이는 'Survey, Analysis, Development'의 첫 글자
를 딴 말입니다. 그림으로 나타내면 다음과 같습니다. 이 과정을 설명
해 보겠습니다.

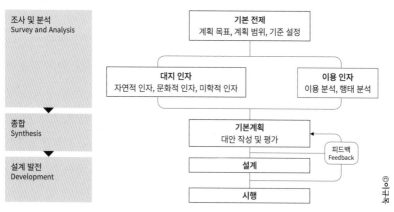

SAD의 과정

chapter 5 – 조경계획론

프로젝트의 시작: 과업지시서

조경계획 프로젝트는 클라이언트client에서 시작합니다. 클라이언트는 프로젝트의 주인을 말합니다. 다시 '서울시립대학교 공원화 프로젝트'의 예를 살펴봅시다. 땅이 서울시 소유이므로, 이 프로젝트의 주인은 바로 시장市長입니다. 주인은 시장이지만, 이 땅을 쓰는 사람, 즉 최종 사용자end user는 바로 '시민'입니다. 이중 구조로 되어 있습니다. 반면 내가 내 집 정원을 설계해 달라고 의뢰한다면, 내가 바로 주인이자 사용자도 됩니다.

클라이언트는 '과업지시서'를 제시합니다. 거기에는 프로젝트의 목표, 방향, 기간, 내용 등이 명기됩니다. 이 프로젝트가 언제까지, 어떤 내용으로 이루어져야 하고, 어떠한 결과물을 내놓아야 한다는 지침이 담겼습니다. 여기엔 '인력 수급계획manpower planning'도 들어갑니다. 어떤 전문가 집단이 얼마간 일한다는 내용입니다. 외국에서는 아주 정교하게 작성해서 준수합니다. 인력manpower은 한 사람의 하루 노동량man-day으로 계산하거나, 한 사람의 시간당 노동량man-hour으로 따집니다. 사람 수와 들인 시간을 곱한 값입니다. 몇 사람이 몇 시간 동안 일해야 프로젝트 결과물을 내는지 가늠해서 일정과 비용을 산출합니다. 이를 토대로 계약을 체결하고 착수금을 받은 뒤, 비로소 계획이 시작됩니다.

조사 및 분석: 첫 단추를 잘 끼워야

계획 과정에서 가장 먼저 하는 일이 바로 '조사 및 분석'입니다. 분석을 잘 진행해야 과학적 의사 결정이 가능하고, 시간을 허투루 쓰는 일 없이 정도正道를 밟아 좋은 안을 만듭니다. 이 단계를 설계자 혼자서 결정하는 것이 아니라, 주민들 의견을 청취할 수도 있습니다. 전문가는 대상지의 잠재력과 한계점을 분석해서 수용할 수 있는 게 무엇인지 파악한 다음, 그 내용을 전제로 이용권利用權 내 주민들을 대상으로 설문조사나 워크숍 등 여러 가지 방식으로 주민들의 의견을 물어보게 됩니다. 분석 대상은 '대지 인자site factor'와 '이용 인자use factor'의 둘로 나뉩니다. 앞엣것은 풍경 혹은 공간, 경관이라고 하는 인간 활동을 담는 장소를 말하고, 뒤엣것은 거기에 담기는 인간 활동 또는 기능을 뜻합니다. 좀 더 자세히 알아보겠습니다.

대지 인자

대지 인자는 세 가지 항목으로 구분합니다. 첫째는 '자연적 인자', 그다음은 '문화적 인자', 마지막은 '미학적 인자'입니다. 더욱 세분하면 20~30가지도 넘습니다. 대상지에 따라서 조사해야 할 항목이 바뀌겠죠.

'자연적 인자'는 대지를 중심으로 생각하면 됩니다. 땅이 있고, 물이 있고, 땅 위에 대기권이 있고, 땅 위에 사는 인간과 생물권이 있습니다. 땅과 관련해서는 땅 형태에 관한 지형과 경사도가 있고, 땅 아래의 토양과 토질이 있습니다. 토양하고 토질은 다릅니다. 토양은 그냥 'soil'이고, 토질은 'soil mechanics'입니다. 식물이 뿌리내리고 자랄 수 있느냐의 측면에서는 흙의 성질인 토양이 중요합니다. 토목 측면에서는 토사 붕괴도 고려해야 하기에, 공학적 성질인 토질이 중요합니다.

물은 흐르거나 고여 있는 물로 구분합니다. 지하수는 평상시 땅속에 흐르는 물을 말하며, 표면수는 비나 눈, 우박이 왔을 때 표면을 흐르거나 땅속으로 흡수되는 물입니다. 서울 같은 도시 지역은 도로, 주차장, 건물 등으로 덮여 있어 표면수가 지하로 스며들기 어렵습니다. 강으로 흘러가게 되면 강물이 불어서 홍수 나기가 쉽죠. 그래서 표면수를 어떻게 처리할 것인가가 아주 중요합니다. 대기권에는 기온, 지온, 바람, 강우 같은 인자가 있습니다. 대기권은 최근의 기후 변화와 관련성이 높죠.

생물권은 사람 이외의 동식물을 말합니다. 식물권은 식생

vegetation인데, 그 지역에 본래부터 자라고 있거나 심어져 있는 나무들을 상세히 조사할 필요가 있습니다. 잘 자라고 있는지, 죽어 가는지 뿐만 아니라, 보전 가치가 있는지 여부도 중요합니다. 나무나 숲의 미적 특징도 조사해야 하죠. 이외에 곤충, 새 등을 포함한 야생 동물도 자연적 인자입니다.

프로젝트에 따라서는 기본계획 작성 이전에 자연이 심하게 파괴되지는 않을지, 하천 생태계는 어떨지 예측해야 하는 경우가 종종 생깁니다. 이를 법적으로 정한 것이 '환경영향평가'입니다. 환경영향평가를 통해 이런 내용을 검토한 후, 기본계획에 반영해야 합니다. 또 법적으로 '사전환경성평가'라는 제도도 있어요. 조사·분석 단계부터 환경 측면에서 부정적 요소가 있는지를 미리 검토해서 설계팀한테 제시합니다. 이런 건 좀 감안해달라는 거죠. 계획 과정에서 큰 오류가 생기지 않도록 하는 여러 장치가 있습니다. 그런데도 자연환경적으로 문제가 되는 프로젝트들이 많이 있습니다.

'문화적 인자'는 사람이 손댄 흔적을 조사하는 것으로 볼 수 있습니다. 도시 지역은 엄청나게 손을 많이 댄 곳입니다. 사람들이 땅을 어떻게 이용하고 있는지를 파악하는 것이 '토지 이용 조사'입니다. 눈에는 보이지 않지만, 토지 용도가 구분되어 있습니다. 도시에서는 법적으로 토지 이용이 따로 규정됩니다. 주거지역, 상업지역, 녹지지역… 이런 식으로 나뉘죠. 교통 동선도 구별됩니다. '교통 동선'이라는 것은 차량만이 아니라 사람의 흐름, 물류 흐름, 쓰레기의 흐름도 포함합니다. 여기서 특히 우리가 관심 가는 것은 보행자의 흐름, 자전거 동선의 흐름입니다.

다음은 '인공 구조물 조사'입니다. 어떠한 건물이나 지하 구조물이 어떻게 분포해 있는지를 파악하고, 그 소유권도 조사해야 합니다. 서울시립대와 인접한 배봉산의 소유권은 여러 사람에게 있습니다. 국가 소유도 있고, 지자체 소유도 있으며, 개인 소유도 있습니다. 이 소유권을 파악해야 그 땅을 사야 하는지, 산다면 얼마나 매입해야 할지를 파악할 수 있습니다.

마지막으로 중요한 것은 '미적인 인자'입니다. 전망, 경관 요소, 주요 시각 구조물 등입니다.

자연적 인자, 문화적 인자, 미적 인자들을 다 파악해야 합니다. 그다음 이 대상지에서 무엇을 할 수 있는지 살펴봅니다. 여기는 평탄하니 레크리에이션 공간이나 운동장으로 쓸 수 있겠다, 여기는 경사가 완만하고 햇빛도 좋으니 잔디광장을 만들면 좋겠다, 여기는 물이 솟으니까 연못을 파면 좋겠다, … 이런 식으로 기회 요소를 따져봅니다. 반대로, 여기는 경사가 너무 급해서 이용하기 어렵다거나, 여기는 나무와 숲이 좋으니 개발을 제한해야 한다, 여기는 오래된 유적이 있으니 보전하는 것이 좋겠다고 판단할 수도 있습니다. 즉, 개발을 제한하는 겁니다. 이렇게 대상지에서 '기회 요소'와 '제한 요소'를 구분합니다. 대지 인자와 이용 인자를 둘 다 분석해서 종합하는데, 이를 '분석의 종합'이라고 말합니다. 기회 요소는 어떻게든 활용하고, 위협 요소는 제거합니다. 강점은 살리고, 약점은 최소화하거나 보완합니다. 이를 'SWOT 분석'이라고 합니다. 강점, 약점, 기회, 위협을 뜻하는 'Strength, Weaknesses, Opportunities, Threats'의 첫 글자를 딴 것입니다. 분석 종합을 한 뒤, 이제 다음 단계로 넘어갑니다.

이용 인자

이용 인자는 '공간 프로그램space program'과 관련됩니다. 어떠한 특징이 있는 땅에 어느 기능, 또는 어떤 활동을 얼마나 넣을 것인가 정하는 이용 프로그램입니다. 이용 종류와 양에 관한 문제입니다. 공간 프로그램을 하려면, '기능 분석' 또는 '이용 분석'을 먼저 해야 합니다. 운동 공간이 필요하면 테니스코트 5면, 농구코트 3면 등으로 분석할 수 있고,

주차 공간이 시급하면 승용차 주차장 50면, 버스 주차장 5면 등의 수요 분석도 가능합니다. 휴식 공간이 부족하면 1,000명가량이 동시에 쉴 피크닉 장소가 있어야 한다고 추정할 수도 있겠고요. 그러면 수량과 종류는 어떻게 도출할까요? 주민들 대상으로 설문조사를 하거나, 계획가가 과거의 여러 설계 사례를 분석해 가늠할 수도 있습니다.

조경계획에서는 앞서 두 가지 인자의 궁합을 맞추는 과정이 중요합니다. 어떤 대상지에는 그곳에 가장 적합한 이상적인 용도가 있고, 스키장이나 골프장, 축구장 같은 용도에 걸맞은 이상적인 대상지도 있습니다. 하지만 불행히도 대상지와 그 이용이 이상적으로 잘 들어맞지 않은 때가 많습니다. 거의 어느 경우에나 충돌이 생깁니다. 이용하기 위해서 나무를 자르고 숲을 없애야 할지, 산을 깎아 내거나 땅을 메워야 할지, 아니면 야구장과 축구장 둘 다 조성이 어려우니 이 둘을 겸용

지리산 경작지의 사례. 대지 안의 식생 상태와 경사 정도를 분석하는 일은
토지이용계획을 수립하는 데 매우 중요한 과정이다.

전라남도 담양 죽 시장의 사례. 이용 행태와 이용 밀도의 상세한 분석은 조경계획에서
이용 프로그램을 구상하는 데 결정적 역할을 한다.

으로 만들어야 할지 등의 상충적 가치를 고민하고 해결하는 일이 바로
'조경설계'입니다.

계획안 만들기

대상지 분석에서 드러난 대상지의 특성에 이용 인자를 중첩합니다. 이
는 디자인 아이디어가 결합해서 창의력을 발휘해 나가는 과정입니다.
여기서 말로 된 것을 그림으로 바꾸는 것이 다이어그램diagram입니다.
다이어그램은 경우에 따라 '기능 다이어그램functional diagram'이라는
말을 쓰기도 하고, 물방울 같은 형태로 그린다고 해서 '버블 다이어그
램bubble diagram'이라고도 합니다. 이러한 과정을 거쳐서 계획안이 나
옵니다.

　　계획안은 여러 가지로 만들 수 있습니다. 이것을 '대안alternative

plan'이라고 합니다. 대안을 1안, 2안, 3안으로 만든다고 해봅시다. 이 세 가지 안은 시설 배치 개념도 다르고, 동선도 모두 다르게 할 수 있습니다. 1안은 중앙에 운동장이 있고, 2안은 중앙에 녹지가 있으며, 3안은 중앙에 연못을 넣을 수 있습니다. 또 동선이 공원을 순환하게 만들 수도 있고, 직선으로 할 수도 있습니다. 대안이 만들어졌으면, 대안을 평가해야겠지요? 계획 방향과 기준에 따라 대안을 평가하고, 그중 가장 적합한 하나의 안을 선택해서 최종 안으로 발전시켜 나갑니다.

계획안이 만들어졌으면 이제 기본계획도를 만듭니다. 기본계획도는 계획의 끝이자, 설계의 시작입니다. 이를 '마스터플랜master plan'이라고 합니다. 계획의 대략적인 골격을 보이는 겁니다. 도면으로 치면 네 가지가 하나의 세트로 구성됩니다. 첫째는 기본계획의 콘셉트를 보여주는 '콘셉트 플래닝concept planning'이 있습니다. 콘셉트 플래닝은 어떤 개념으로 시작하겠다는 것을 보여주는 중요한 과정이지만, 빠지는 경우가 많습니다. 도면은 빠지더라도 과정상에서는 꼭 진행해야 합니다. 이것이 없으면 개념 없는 사람처럼 되죠. 둘째는 '토지이용계획land use planning'입니다. 땅을 어떻게 쓰겠다는 계획이죠. 그다음은 '동선 계획circulation planning', 마지막으로는 배치 형태를 보여주는 '비주얼 플래닝visual planning'이 있습니다. 이 네 가지가 세트입니다.

조경계획의 종결: 설계하기

조경계획은 설계로 마무리됩니다. 설계는 계획설계, 기본설계, 실시설계로 구분합니다. 계획설계는 개략적인 디자인 단계로, 'SD(Schematic Design)'라고 합니다. 기본설계는 설계를 발전시키는 단계로, 'DD(Design Development)'입니다. 실시설계는 시공을 전제로 한 설계 단계로, 'CD(Construction Design)'라고 말합니다. 실시설계는 시공하기 위한 정확한 치수, 재료 종류 및 재질·재료량뿐만 아니라, 시공 방법까지 정교

하고 상세하게 작성합니다. 목재 벤치를 예로 들면, 목재의 종류와 치수, 목재의 결합 방법과 재료, 방부처리 같은 제작 방법은 물론이고 땅을 어느 정도 파내고 어떻게 설치해야 하는지도 상세하게 표현합니다. 이 도면으로 시공을 하면 되는 겁니다. 멋있게 그릴 필요가 있다기보다는 빠진 게 없도록 그려야 합니다. 이것만으론 부족해서 '시방서'라는 것도 있어요. 도면으로 표현할 수 없는 내용을 글로 적는 거죠. 시방서, 견적서, 도면이 세트가 되어 실시설계를 구성합니다. 이 실시설계에 따라 시공을 하면 드디어 공원이 완성됩니다.

시행 그리고 이용 후 평가

시행은 시공하는 것을 말합니다. 그런데 시행을 하려다 보니 뭔가 잘못돼서 문제 생기는 경우가 있습니다. 가령 연못을 조성하려고 하는데, 암반이 나와서 연못을 파내지 못한다든지 하는 경우가 종종 일어납니다. 또 집행 과정에서 당초 목표와는 어긋나기도 합니다. 이런 때는 앞 단계로 되돌아가서 그 과정을 다시 밟게 됩니다. 대안 평가도 다시 합니다. 이를 '피드백feedback 과정'이라고 합니다. 더 엄밀하게 말하자면, '네거티브negative 피드백 과정'입니다.

공원을 다 조성한 후에는 공원이 제대로 이용되는지 평가하는 과정도 있습니다. 이를 '이용 후 평가POE; Post Occupancy Evaluation'라고 합니다. 이는 공원이 조성된 후에 평가하는 것이어서 해당 설계안에 반영하기는 어렵습니다. 대학원생들이 이 주제로 논문을 쓰는 경우가 많습니다. 이용자들을 대상으로 설문조사를 하거나, 이용자들이 어떻게 이용하는지, 혹은 훼손된 흔적은 어떠한지 관찰조사도 해서 무엇이 문제라고 리포트를 내놓으면, 나중에 해당 프로젝트의 개선책을 만들 때 쓸 수 있습니다. 유사한 프로젝트를 할 때도 참고가 되겠죠. 즉, 사회적 경험을 축적하는 겁니다.

거버넌스와 조경계획

조경계획은 돈을 내는 클라이언트와 실제로 이용하는 사람, 설계자, 이렇게 세 사람이 세트가 돼서 진행합니다. 그러나 실제로 이용하는 최종 이용자end user는 참여하지 못하고, 돈 주는 사람, 권력을 가진 사람, 그 프로젝트의 책임자가 설계자하고 의논해서 의사 결정을 하는 경우가 많았습니다. 많은 도시계획도 그렇게 이루어졌습니다. 실제로 도시에 사는 이용자들은 불편하게 계획되는 거죠. 그러다 보니, 계획가나 설계가는 자기 가치관 없이 돈 주는 사람을 좇아서 일종의 앞잡이 노릇을 하는 계획이 많았습니다. 특히 우리나라의 과거 발달 과정에서 군사 정권 동안이나 독재자들이 많이 있을 땐 더 심했습니다.

오늘날은 시민이 참여하는, 최종 이용자인 시민이 직접 자기 의견을 반영시키는 방향으로 계획 개념이 재정립되고 있습니다. 지방자치가 정착하면서, 선거로 선출되는 자치단체의 장들이 시민들이나, 시민들이 조직·운영하는 기구들을 의식하지 않을 수 없게 되었습니다. 클라이언트와 설계자, 시민들이 함께 의논하면서 공원, 광장, 도로 같은 공공시설을 만들어 나가는 과정이 정착해 나가고 있습니다. 이를 가리켜 '협치協治'라는 말을 씁니다. 영어로는 '거버넌스governance'라고 하죠. 그러니까 협동해서 정치하고, 협동해서 행정을 한다는 이야기입니다. 앞으로 이러한 방향으로 조경계획이 정착될 것입니다.

최정민

현대 조경계획·설계의 쟁점

계획하는 갈대, 호모 플래너스

"

인간만이 어떤 문제가 발생했을 때
해결하는 방법을 끌어낼 수 있다.

"

이규목 교수의 강의 가운데 한 구절이다. 필자가 수업 시간에 인용하는 구절이기도 하다. 인간은 '무엇이 되고 싶다'거나 '이렇게 하고 싶다'는 목표를 이루기 위해 필요한 방법이나 절차를 찾아 계획을 세우고 실행으로 옮기는 '계획적 사고 회로'를 타고났다. 파스칼B. Pascal의 말을 인용하면, "인간은 계획하는 갈대", '호모 플래너스Homo planus'라고 할 수 있다.

계획과 설계는 같은 듯 다르고, 다른 듯 같다. 계획은 문제의 정의와 해결의 실마리를 제공하고, 설계는 문제를 해결한다. 계획은 좌뇌적 기능인 논리적·객관적 사고를 요구하고, 설계는 우뇌적 기능인 주관적이고 직관적인 상상력과 창의력을 필요로 한다. 계획은 글이나 말로 표현되고, 설계는 구체적 그림으로 표현된다. 이렇게 다른 듯하지만, 계획과 설계는 구분이 모호한 경우도 많다. 계획은 설계로 마무리되기 때문이다. 이 둘은 같은 핏줄인 셈이다. 대상지site가 커지면 계획적 접근 경향이 우세하고, 대상지가 작아지면 설계적 접근이 우세하게 나타나는 경우가 많다.

변화하는 조경계획·설계

계획과 설계를 구분하기 쉽지 않은 사례들이 점점 더 많아진다. 시대와 함께 조경이 다원화되었기 때문이다. 점점 더 복잡해지고 다양해지는 현대 사회에서, 좌뇌 또는 우뇌 한쪽에 의지해서 해결할 수 있는 문제가 많지 않다. 환경과 삶의 질에 대한 개선 욕구 증대, 도시 구조와 기능의 변화, 이용자 취향과 이용 형태의 변화와 맞물려 있는 현대 조경이 새로운 시도를 하고, 변화하는 것은 당연한 이치일 것이다.

21세기 조경의 서막을 열었다고 평가받는 '다운스뷰 파크Downsview Park 국제현상설계'(2000)의 당선작 '트리 씨티Tree City'는 계획인지 설계인지 구분이 어렵다. 그림뿐만 아니라 글을 많이 사용해서 설명하는 개념과 내용이 논리적이고 직관적 상상력이 번뜩이지만, 대상지의 구체적인 디자인 형태는 보이지 않는다. 계획인지 설계인지 구분이 모호하다.

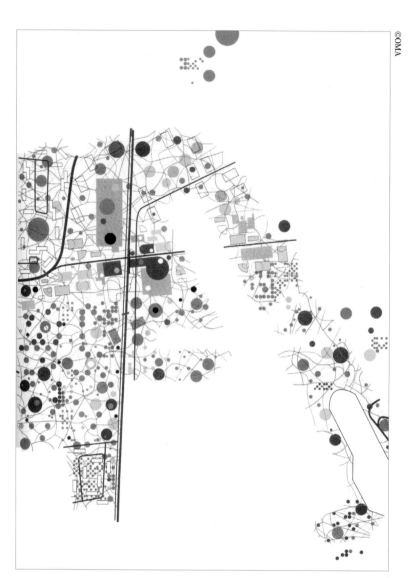

캐나다 토론토 '다운스뷰 파크 국제현상설계'의 당선작,
OMA의 '트리 시티'(2000)

chapter 5 – 조경계획론

프랭크 게리가 설계한 미국 LA의
'월트 디즈니 콘서트홀'(2003)

FOA가 설계한
일본 '요코하마 국제 여객
터미널'(2002)의 전경

계획·설계적 사고를 전달하는 매체는 다양하게 진화하고 있다. 글과 그림, 수작업 모델링 같은 전통적 매체뿐만 아니라, 컴퓨터를 이용한 드로잉과 렌더링, 3D 모델링, 3차원 디지털 스캐닝과 시뮬레이션 등으로 발전하고 있다. 이러한 매체들은 아이디어(개념)를 전달하는 데 그치는 것이 아니라, 계획·설계적 사고의 실마리를 발견하고 발전시키는 과정 그 자체가 되고 있다. 프랭크 게리의 작업은 모델을 먼저 만들어 3D 레이저로 스캔하고, 수치 해석과 시뮬레이션을 거쳐 수치제어 공작기계로 가공·조립해 생산하는 방식이다. 이와 유사하게 모델을 먼저 만들고 스캔하여 도면을 생산한 뒤 시공하는 방식도 있다. FOAForeign Office Architects가 설계한 '요코하마 국제 여객 터미널 Yokohama International Port Terminal'(2002)이나, 스페인 바로셀로나의 '남동 해안 공원South-East Coastal Park'(2004)이 대표적이다. 이러한 방식은 전통적인 '조사Survey-분석Analysis-설계Design'로 이어지는 선형적 과정을 따르지 않지만, 그들의 작품이 '왜', '어떻게' 만들어졌는지를 잘 설명하고 있다.

일반적으로 계획과 설계는 시공을 통해 완성되지만, 계획·설계가

©최정민

리처드 롱의 대지예술 작품

©Benutzer: AxelHH / Wikimedia Commons

프랭크 게리가 설계한 독일 하노버의 버스 정거장(1994)

없는 시공도 있다. 로버트 스미스슨Robert Smithson(1938~1973), 리처드
롱Richard Long(1945~) 같은 작가의 대지예술Land Art이나, 로버트 모리
스Robert Morris(1931~) 등의 환경 예술Environmental Art 작품이 대표적
이다. 프랭크 게리가 디자인한 독일 하노버의 버스 정거장도 계획·설계
없는 시공이 이루어진 경우다.

대상지에 대응하는 방법으로서 계획과 설계

시대가 변하고, 조경에 대한 정의가 바뀌어도, 조경이 땅과 장소를 기반으로 한다는 것은 크게 변하지 않을 것이다. 이런 측면에서 조경계획과 설계는 '대상지에 대응하는 방법'이라고 정의할 수 있다. '레드북Red Book'으로 유명한 18세기의 조경가 험프리 렙턴Humphry Repton(1752~1818)이 대상지의 '전과 후before and after'라는 스케치를 통해 보여주듯이, 조경계획·설계는 땅에 대한 설계자의 미학적·이론적 아이디어를 반영하고 있다.

©Humphry Repton

영국 버크셔에 있는
서닝힐(Sunning Hill)의
전과 후를 보여주는
험프리 렙턴의 '레드북' 스케치

새로운 형태의 실험을 위한 대상지

"뭐 새로운 거 없어?" 학부생 시절부터 들어 온 익숙한 말이다. 누구나 한 번쯤은 들었을 만한 쪼임이다. 신상품, 새 차, 신작로, 새 집, 신도시new town 등은 우리가 새로움에 부여하는 가치를 보여준다. 새로움newness은 근대modern가 추구한 가치이자, 근대성modernity의 핵심이다.

"새로움은 현대의 영웅이다. 사람들은 영웅을 기다리듯이 새로움을 기다린다." 현대성이라는 시각에서 도시를 바라본 비운悲運의 철학자 발터 벤야민[1]의 통찰이다. 그가 간파한 것처럼, 현대 조경은 새로움을 찾아 나섰다. 프랑스 모더니즘 조경가인 스테방Robert Mallet-Stevens(1886~1945)의 '4개의 콘크리트 나무Les arbres cubistes'(1925), 게브레키앙Gabriel Guévrékian(1892~1970)의 '빛과 물의 정원Jardin d'Eau et de Lumiere'(1925)과 같이 새로운 소재나 회화의 평면을 정원에 대입하는 방법을 통해 새로운 형태를 만들었다. 이는 미국 현대 조경의 모태가 되었다.

가브리엘 게브레키앙이 설계한 프랑스 예르(Hyères)에 있는
빌라 노아유(Villa Noailles)의 정원(1926)

토마스 처치가 설계한
미국 캘리포니아의 소노마(sonoma)에
있는 '도널 가든'(1948)

베아트릭스 패런드가 설계한
'덤버턴 오크 가든'

　　현대 조경의 선구자라 할 수 있는 토마스 처치는 '도널 가든'에서
처럼 시각적 공간의 추상화를 시도했다. 댄 카일리Dan Kiley(1912~2004)
는 기하학과 격자형 그리드를 이용한 반복 패턴으로 새로운 형태를 만
들었다. 이들에게는 인공 지반인지 원 지반인지, 건조한지 다습한지
같은 대상지의 조건은 문제되지 않았다. 그들의 관심은 새로운 재료
의 도입, 새로운 형태의 실험과 그 형태를 가능하게 하는 기술적 해결
을 통해 새로운 가치를 창출하는 데 있었다. 그들은 대상지를 백지 상
태tabula rasa로 생각하고, 자신의 개념(아이디어)을 투영해서 새로운 형
태로 만들었다. 동시대에 활동한 미국조경가협회ASLA의 유일한 여성
창립 멤버인 베아트릭스 패런드Beatrix. C. Farrand(1872~1959)는 워싱턴
D.C.의 '덤버턴 오크 가든Dumbarton Oaks Garden'을 남겼다. 그녀는 스
승(찰스 사전트(Charles S. Sargent), 1841~1927)[2]으로부터 "설계를 땅에 맞추
어야지, 설계에 맞추려고 땅을 비틀지 말라"는 충고를 들은 후에 대상
지를 대하는 태도가 크게 바뀌었다고 한다.

---

1. 벤야민은 "19세기 최신 테크놀로지가 시각화한 공간이었던 파리의 '아케이드'가 백화점의 등장과 함께 급격히
　몰락한 것은 현대성이 만들어내는 '새로움'의 신화가 자기 파괴된 알레고리"라고 말한다. 발터 벤야민, 조형준 역,
　『아케이드 프로젝트』(원제: Das Passagen-werk), 새물결, 2005.
2. 하버드 대학교 아놀드 수목원(Arnold Arboretum)의 초대 원장을 지냈다.

조경을 예술 작품의 경지로 끌어올렸다고 평가받는 '예술' 지향의
조경가는 피터 워커와 마사 슈워츠로 대표된다. 워커는 '배경'으로서
조경이 아니라, 조경 그 자체를 '작품'으로서 품격을 높이려 했다. 그는
다양한 소재들을 예술과 접목해 새로운 형태를 만들었다. 슈워츠는 조
경 자체를 예술 작품으로 다루었다.[3] 한때 그녀의 작품들은 조경이 아
니라는 부정적인 평가가 내려졌을 정도였다. 이들은 대상지에 새로운
형태를 창출함으로써 작가 의식을 표출하는 데 관심이 있었지만, 대상
지 자체의 고유성에 주목하지는 않았다.

피터 워커가 1984년 하버드 대학교에 설계한 '태너 분수(Tanner Fountain)'

마사 슈워츠가 일본 후쿠오카에 조성한 '넥서스 주거 단지(Nexus Kashi)'

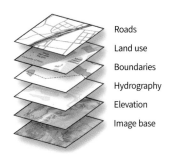

'대상지 분석도면 적층법(Over-lay Method)'을
통한 평가

Roads
Land use
Boundaries
Hydrography
Elevation
Image base

분석과 평가의 대상으로서 대상지

이 방법은 대상지를 조사하고 분석·평가하여 종합·발전하는 과정을 통
해, 개발 가용지와 보존지를 구분하는 데 초점을 둔다. 이를 위해서는
논리적·객관적 사고와 좌뇌적 기능의 활성화가 요구된다. 우리가 계
획의 특성으로 규정하는 가치들이다. 이안 맥하그로 대변되는 이 방법
은 지역적 규모에서 적용되는 생태계획, 환경계획으로 발전하였다. 대
상지는 미시적 성격이 다 다르고 잠재적 가능성도 다르지만, 이 방법
은 어떠한 대상지든지 분석하고 평가하여 과학과 생태라는 이름의 '자
연 보편적 질서'를 대상지에 대입해 보존지와 가용지를 분리했다. 대상
지의 잠재력 가능성을 발견하기 어렵게 만든 것이다. 이러한 방법론을
따르거나 따라야 했던 많은 프로젝트들은 대부분 반反도시적이며 반디
자인적인 결과를 가져왔다. 이 방법은 도시와 자연, 생태와 문화라는
대립적 관계를 형성하여 고착화하고, 현대 조경이 도시 문제를 직시하
지 못하고 제대로 대처하지 못한 근본적인 원인이 되었다고 평가받는
다.(Meyer, 2000; Mossop, 2006)

---

3. '리오 쇼핑센터'(1989), '스파이스 가든'(1986) 등 실험적이고 팝아트적인 작품을 통해 풍부하고 값싼 재료를
   바라보는 상상력의 중요성을 제시하였다. 또한, 조경이 건물에 부속된 배경이 아닌 그 자체로써 예술 작품의
   가능성을 보여주었다고 평가받는다.

존중받고 재해석되는 대상지

최근 조경은 땅과 지역에서 가능성을 발견하고 재해석하여 정체성을 만들어나가는 뚜렷한 흐름을 나타내고 있다. 대상지는 작가의 실험을 위한 '백지 상태'가 아니라, 지우고 다시 쓰는 '양피지'라고 인식한다. 양피지의 흔적을 읽듯이 대상지를 읽고 재해석하여 설계 개념을 발전시켜 나간다. 용도 폐기된 공장, 정수장, 부두, 도크, 철도, 군사시설 같은 구 산업시대의 유산을 철거하고 재개발하는 것이 아니라, 그 자체가 기억해야 할 역사적 장소 자산이라고 생각한다. 용도 폐기된 제철소를 공원화한 독일의 '뒤스부르크-노드 파크Duisburg-Nord Landscape Park', 폐부두의 기억을 간직해 공원으로 재생한 영국 런던의 '템스 배리어 파크Thames Barrier Park', 정수장의 기억을 간직한 '선유도공원', 폐선 고가철로와 부지를 공원화하여 명소가 된 미국 뉴욕의 '하이라인 High Line', 석탄 공장이 문화 공간으로 탈바꿈한 독일 에센의 '졸버라인Zollverein', 서울의 '경의선숲길', 군사시설 이전以前의 기억을 복원한 '크리시 필드Crissy Field'[4] 등과 같이, 현대 조경은 지역의 역사적 기억을 존중하면서 현재적 가치를 수용하여 이곳이 아니면 볼 수 없는 독특한 장소를 만들고 있다.

대상지 자체가 독특한 자연 현상과 오랫동안 누적된 고고학적·문화적 기억을 가진 공간적 지문指紋이 있는 설계 원천이라는 것을 보여준다. 조경가의 역할은 낡은 것을 없애고 새로운 개념을 고안하여 대상지에 투사해서 생경한 정체성을 만들어내는 것이 아니라, 대상지의 잠

---

4. 미국 샌프란시스코 만(灣)의 '크리시 필드'는 12만 평 규모의 해안 공원으로, 220여 년간 군부대 주둔지로 이용된 곳이다. 1927년에는 이곳에서 하와이까지 최초의 논스톱 비행에 성공했다. 스페인이 점령(1776)하여 프리시디오(Presidio)를 건설하기 전까지 이곳은 올론(Ohlone) 원주민의 땅이었다. 현재는 군사시설로 사용 시 매립했던 흙과 쓰레기를 제거하고, 습지와 모래 언덕 같은 군사시설 이전의 대지 기억을 복원하였다. 또한, 역사적으로 의미 있는 활주로는 남기고 지역 주민들의 요구를 수용하여 다양한 레크리에이션 시설을 도입하였다.

(위에서부터)

뒤스부르크-노드 파크(독일) / 템스 배리어 파크(영국) / 하이라인(미국)

(위에서부터)
졸버라인(독일) / 경의선숲길 / 크리시 필드(미국)

재적 가치를 발견하고 알리는 것이다. 조경계획·설계는 '마스터 플랜 master plan'이라고 하는 형태적·시간적 완결성을 추구하는 것이 아니라, 시간이 공원을 변화시키는 것을 받아들이는 열린 계획을 지향한다. 조경가는 마스터가 아니라 조정자coordinator가 되는 것이다.

땅의 논리, 땅의 직관

조경은 어떤 분야보다도 땅과 장소라는 국지적 특성에 뿌리를 두고 있다. 그럼에도 대상지 자체는 많은 조경가들에게 존중받지 못했었다. 모더니즘 조경가들이나 예술적 조경을 지향한 작가주의적 조경가들은 대상지를 자기의 아이디어(개념)를 투사하여 새로운 것을 만드는 '정리된 대상지cleared site'로 다루었다. 대상지의 생태와 보존에 관심이 많았던 분석적·과학적 접근 방법은 땅과 장소의 고유성을 존중하기보다는 분석해야 할 대상으로 다루어 과학이라는 이름의 보편적 자연을 대입해서 문제를 해결하고자 했다. 현대 조경이 걸어온 여정에 대해, 조경사학자 헌트John. D. Hunt(1936~)는 이렇게 지적한다.

> "
> 조경은 무엇보다도 땅에 기반을 두고 있다.
> 현대 조경은 두려움 없이 새로움을 고안한다.
> 문제는 새로운 것의 창의성과 기술이라는 것이
> 지역성에 기반을 두지 않는다는 것이다.[5]
> "

---

5. John. D. Hunt et al., *Tradition and Innovation in French Garden Art: Chapters of a New History*, University of Pennsylvania Press, 2002.

최근의 많은 사례들은 땅과 지역에서 가능성을 발견하고 재해석하여 정체성을 만들어 나간다. 프랑스 조경가 세바스티앙 마로Sébastien Marot(1961~)가 정의하듯이, "땅의 독특한 특징은 프로젝트의 새로운 개념과 논리의 토대가 된다." 우리가 참고할 만한 땅에 대한 접근 태도와 방법을 정리하면 다음과 같다.

1. 대상지의 시간적 연속성을 존중한다. 시간적으로 대상지의 과거가 현재에도 살아남아 체험되는 연속적인 과정으로 생각하는 것이다. 대상지 역사, 전통, 풍토 같은 문화적·공간적 기억이 계획·설계 개념의 바탕이 된다. 이는 땅의 형태 디자인보다는 시간을 공간화하려는 시도로 나타난다.

2. 대상지의 공간적 지문을 재해석한다. 지형적·지질학적 지층이나 토지 이용의 변천 같은 공간적 지문이 계획·설계 개념의 바탕이 된다. 이는 시각적 형태로 구체화하기도 하고, 오감을 자극하는 공감각적 synesthesia 설계로 발전하기도 한다.

3. 대상지를 구축적tectonic으로 접근한다. 전통적인 대지-중심적site-specific 방법이 대상지를 '분석적'으로 접근했다면, 구축적 방법은 경관을 구축하는 데 관심이 있다. "경관을 생각한다는 것은 대상지를 생각한다는 것"[줄리아 제르니아(Julia Czerniak), 2006]이다. 대상지의 독특한 경관과 침식, 수 체계 같은 자연적 현상과 생태적인 과정은 계획·설계 개념의 바탕이 되거나 디자인의 한 요소로 표출된다.

땅과 지역에서 가능성을 발견하고 재해석하여 정체성을 만들어나가는 현대 조경의 많은 사례들은 대상지 그 자체가 설계적 유전자의 보고 寶庫라는 것을 보여주고 있다. 땅의 조건과 기억이 모두 다른 대상지는 모두 다른 정체성을 갖기 때문이다. 대상지 자체가 조경가의 직관을 자극하고, 계획·설계의 논리를 제공하는 것이다.

답이 없는 설계, 교육은 어떻게 하나

일반적으로 계획적 사고는 교육을 통해서 발전 가능하지만, 설계는 교육이 쉽지 않다고 한다. 일반론이 없기 때문이다. 그만큼 설계 취향과 스타일이 모두 다를 수 있다는 의미일 것이다. 이를 대변하는 듯한 말이 "설계는 답이 없다"는 것이다. 학부 시절부터 오랫동안 익숙하게 들어온 코멘트다. 그렇다면, 답이 없는 것을 어떻게 가르치고 배운다는 말인가?

  설계를 가르친다는 것은, '가르친다'의 사전적 정의에 따르면, "설계를 깨닫거나 익히게 하는 것"이다. 설계를 익히게 하는 것은 가능하지만, 깨닫게 하는 것은 어려운 일일 것이다. 그래서인지 설계 교육의 대부분은 선 긋기, 심벌 그리기, 스케치 같은 설계(드로잉) 익히기로 시작하는 것 같다. 이렇게 배운 교육자들은 다시 이렇게 가르친다. 여전히 유효하다. 오히려 최근에는 조경기사 시험의 성과와 맞물려 더 많이 연습시켜야 한다는 주장이 힘을 얻기도 한다. 이는 '좋은 드로잉이 좋은 설계'라는 인식을 바탕으로 한다. 좋은 드로잉은 반복적 연습을 통해 가능하다. 반복은 지루하기에 따끔한 지적과 훈육이 동반되어 왔다. '도제식徒弟式'이라고도 불리는 이 방식은 교육자의 경험이 중시된다. 경험이 많은 교육자는 학생의 설계를 보고 "아닌 것 같은데?" 하고 판정을 내린다. 왜 아닌 것 같은지에 대한 설명을 듣기는 쉽지 않다. 학생들은 기법 훈련에 많은 시간을 할애한다. 여기서 사고 과정은 생략된다. '어떻게' 그리는지는 알지만, '왜' 그리는지는 모른다.

  조경은 시대 변화와 함께 그 역할과 정의가 변화해 왔다. 조경이 변화하는 시대와 경향에 관심을 두는 것은 필연적이다. 스마트폰 하나가 3,000명을 합한 것보다 더 똑똑한 시대에, 많이 외우는 인재의 역할은 미미하다. 이제는 많이 생각하는 인재가 필요한 시대다. 익숙하게 잘 그렸지만, 왜 그렇게 했는지, 왜 그래야 하는지를 설명하지 못하는 설계는 시대에 대응하기 어렵다. 생각하게 하는 설계 교육이 요구되는 이유다.

계획·설계 교육이 모두를 계획가·설계가로 만드는 것은 아니다. 그렇게 될 수도 없다. 조경계획과 설계가 여러 전공과목 가운데 선택해야 하는 하나의 과목이라는 것은 왜곡된 교육이 낳은 인식이다. 각 전공과목의 관계성을 이해하고, 지식을 응용·실천하는 것은 계획과 설계를 통해서다. 이를 통해 앎과 실천의 균형을 갖춘다. 설계는 지적 산물이다. 설계자는 적어도 자기 설계를 '왜' 그렇게 했는지에 대해 설명할 수 있어야 한다. 교육자는 "아닌 것 같다"면 '왜' 아닌 것 같은지 설명할 수 있어야 하지 않은가. 왜 그런지도 모르고 수정하고 발전하기는 어렵기 때문이다. "설계는 답이 없다"는 코멘트는 지적 사고의 결핍을 자백하는 것과 같다.

현대 조경은 새로운 매체가 발전하고, 다른 분야와의 융합이 확대되고, 조경가의 역할이 다변화하고 있다. 지금까지 조경가들이 자신의 아이디어를 강조해 왔다면, 시대는 조경가들에게 여러 분야를 조율하는 코디네이터로서의 역할을 요구하기도 한다. 조경가들이 완결적 작품을 만드는 데 관심이 있었지만, 시대는 조경가들에게 대상지의 잠재적 가능성을 열어두는 역할을 요구하고 있다. 시대가 조경가의 역할이나 조경 자체를 재정의하라고 암묵적으로 요구하는 것이다. 이런 의미에서 조경이라는 것은 '동시대 조경가들이 하는 일'로 정의할 수 있다.

시대적 요구에 대응하는 설계 교육은 국제적 경향뿐만 아니라 국지적 가치에 관심을 두어야 하고, 전통적 방법과 함께 디지털 방법을 익혀야 하며, 개념적 설계가 상세설계로 이어질 수 있는 균형 잡힌 스튜디오를 요구한다. 논리와 직관은 이분된 대립적 사고 체계가 아니라, 서로를 돕는 호혜적 사고 체계다. 작품 비평은 작품 이후에 오는 것이 아니라, 작품과 함께하는 것이다. 경험만으로는 정체되기 쉽다. 이론 없이 현실을 볼 수는 있으나, 해석할 수 없기 때문이다. 이론과 실천이 겸비된 설계 수업이 요구되는 이유다.

이규목·오충현

생태계획론

생태계획론,
환경의 안정성 찾기

도시생태계의 이해

이규목

생태계획론,
환경의 안정성 찾기

생태학이 필요한 이유

이번 장에서는 사람과 그 주위를 둘러싸는 자연, 인간과 자연이 결합하는 환경을 주로 이야기하겠습니다. 자연과 인간은 상호작용을 하죠. 옛날에는 인간도 자연의 한 요소로서 자연 속에서 상호균형을 이루며 의좋게 살아왔는데, 인간이 자연을 파괴하고 손상하면서부터 자연과 인간이 갈등하기 시작했습니다. 이 갈등은 근래에 나타났기보다는 인간이 아주 옛날 농업을 시작하면서부터 나타났습니다. 예컨대, 경작은 자연이 공급하는 양보다 더 많은 물이 필요하고, 농토를 넓히려고 개간하다 보니 토양 침식도 일어납니다. 또 인간에게 필요한 곡식을 단일경작單—耕作, monoculture하니, 생태계는 단순화하고 단위 면적당 생산성을 늘리려고 화학비료와 살충제도 많이 쓰게 되었습니다. 여러 종류의 동식물이 풍부하게 섞여 있어야 하는 생태계가 단순해지니, 취약성이 높아져 병충해나 기후 등에도 민감해집니다. 자기 정화로 회복하는 자정 능력自淨能力을 상실하는 겁니다.

근대에 와서 자연의 자정 능력 상실은 더 심각해졌습니다. 인구가 증가한다는 것은 여러 가지 동식물이 의좋게 살던 것에서, 인간이라는 단일 품종 생명만 잘살고 나머지는 소멸하거나 못사는 환경이 된다는 겁니다. 또 공업 발달과 기술 혁신이 자연을 파괴했으면 했지, 자연에는 이로울 게 없습니다. 또 우리 생활 수준이 높아진다는 것은 에너지나 물을 많이 쓴다는 것을 의미하기도 하죠. 우리가 공급받는 에너지는 크게 두 가지입니다. 하나는 석탄이나 석유같이 한 번 쓰면 다시는 못 쓰는 에너지고, 다른 하나는 재생이 가능한 에너지입니다. 옥수수에서 기름을 뽑아낼 수 있으니까, 식량자원인 옥수수도 재생 가능한 에너지가 되죠. 하지만, 에너지를 많이 소비하는 생활 구조를 바꾸는 게 우선입니다.

이래서는 안 되겠다는 자각이 생기면서, 인간과 자연의 관계를 다루는 생태학ecology에서 축적한 이론에 사람들이 눈 돌리기 시작했습니다. 조경에서도 생태학적 접근의 필요성이 대두했고요. 생태학은 1866년 그러니까 160여 년 전, 독일의 생물학자인 에른스트 헤켈Ernst Haekel이 처음 사용했습니다. 생태학은 환경과 생명체의 상호작용을 연구하는 학문입니다. ecology의 'eco'는 그리스어 'oikos'에서 왔는데, '집', '생활의 장'이라는 뜻입니다. '-logy'도 그리스어로 'logia'인데, '말함', '토론' 또는 '연구' 등의 의미로 쓰입니다. 즉, 생태학은 'economy'와 어원이 같습니다. 우리가 흔히 '환경 보전'과 '경제 개발'은 서로 다른 차원의 문제로 여기죠. 환경을 깨끗이 하려면 경제가 희생해야 하고, 경제가 성장하려면 환경이 오염된다고 생각하는데, 흥미롭게도 두 단어의 어원이 같아요. 그래서 생태와 경제가 같다는 식의 이론을 전개하는 내용의 책도 여럿 있습니다. 윌리엄 애시워스William Ashworth(1942~)가 쓴 『자연의 경제: 생태학과 경제학의 만남』(유동운 역,

비봉출판사, 1998)[1] 같은 게 바로 그러한 책이죠.

두 단어가 같다는 차원에서, 생태학자나 경제학자 둘 다 즐겨 인용하는 문구가 있습니다. 하나는 "이 세상에 공짜는 없다"입니다. 혜택을 입은 당사자가 그 비용을 지급하지 않으면, 다른 누군가가 대신 지급해야 한다는 거죠. 여기가 깨끗해질수록 어딘가는 더러워지고, 경제도 한쪽이 돈 벌면 다른 한쪽은 돈을 덜 벌게 되어 있죠. 공짜는 없습니다. 그리고 "어떤 것도 버려지지 않는다"는 말도 두 학자 모두 좋아합니다. 모든 것이 연관되어 있다는 겁니다. 우리가 쓰레기를 생산하면 생산할수록, 이는 어딘가에 축적되어 오염됩니다.

조경계획에서의 생태적 접근

조경계획에서의 생태적 접근 방법을 살펴보도록 하겠습니다. 제가 생태학에서 제일 먼저 관심을 두었던 것이 바로 '엔트로피entropy'란 개념입니다. 엔트로피는 쓸 수 없는 에너지를 말합니다. 일례로 먹이연쇄에서 먹이가 가진 에너지의 10%밖에 활용되지 않고, 나머지 90%는 버려진다고들 하죠. 그것을 다시 분해자가 환원해서 식물이 사용하는 에너지로 바꿀 순 있지만, 여전히 많은 양의 에너지가 쓸 수 없는 자원으로 낭비됩니다. 바로 엔트로피인 거죠.

1865년 독일의 물리학자 루돌프 클라우지우스Rudolf Clausius가 제일 먼저 엔트로피를 제창했는데, 그는 그 생성 요인을 물리학에서 말하는 '열역학 법칙'으로 설명합니다. 이 법칙은 물리학뿐만 아니라 화

---

1. 원제: William Ashworth, *The Economy of Nature: Rethinking the Connections Between Ecology and Economics*, Houghton Mifflin Harcourt, 1995.

학·생물학에도 영향을 주고, 경제 현상이나 사회적 현상, 어떤 지적 흐름의 현상까지도 설명하는 아주 보편타당한 이론으로 전개되었습니다. 먼저, 열역학 제1 법칙은 우리가 가진 우주의 에너지가 일정하다는 겁니다. 그다음 제2 법칙은 우주의 엔트로피가 최댓값에 도달하려 한다는 겁니다. 이를 '엔트로피 증대의 법칙'이라고도 하는데, 엔트로피는 자꾸 증가하려고 한다는 거죠.

앞서 이야기했듯이, 농부들은 자연이 다시 채울 수 있는 양보다 더 많은 물을 씁니다. 예전에 비옥했던 유프라테스 강은 물론이고, 티베트 고원에서 아랄 해로 흘러가는 물도 수량이 줄면서 소금밭이 되어버렸어요. 제가 직접 보았습니다. 지역 일대가 황폐화되는 거죠. 많은 비료와 살충제를 남발하는 고밀도 경작은 토양을 피폐하게 하고 분해자를 없앱니다. 표층 토양에는 못 쓰는 에너지를 환원하는 아주 중요한 역할을 하는 미소微小분해자들이 있습니다. 해양에서는 낮은 강물 줄기 하부 같은 데 있는 대륙붕이 바로 그런 역할을 하죠. 그런데 미소분해자들이 오염으로 점점 없어지면, 결국 쓸모없는 토양이 되어버립니다. 우리가 그동안 고高엔트로피 방법으로 경작한 겁니다. 에너지는 일정하지만, 쓸모없는 에너지가 대부분인 거죠. 어떤 사람은 이를 '열사熱死'라고 해요. 열에너지가 다 없어져 지구가 멸망한다는 거죠. 이를 주제로 만든 영화도 있어요.

사회적 현상에도 '엔트로피 증대의 법칙'을 적용할 수 있다고 하죠. 우리가 흔히들 말하는 엔트로피가 증가하는 현상의 예는 사람이나 동물이 늙어간다는 겁니다. 즉, 엔트로피가 높아져서 결국엔 죽는 거죠. 지성적인 지식조차도 단순하고 이해하기 쉬운 것에서부터 점점 복잡하고 분산된 상태로 변하고 있습니다. 이 세상에는 지적으로 우리가 미처 소화할 수 없는 너무나 많은 양의 지식이 흘러 다니고 있는데, 그 앞에서 정신 차리기 어렵죠. 그걸 다 알려면 너무나 힘듭니다. 이것도

진화Evolution	
원시 상태primitive state	선진 상태Advanced state
단순성simplicity	복잡성complexity
획일성uniformity	다양성diversity
불안정성instability	안정성stability(정상 상태Steady state)
적은 수의 종種, species	많은 수의 종
적은 수의 공생共生, symbiosis	많은 수의 공생
고高엔트로피high entropy	저低엔트로피low entropy
역행Retrogression	

이안 L. 맥하그, *Design with Nature*, N.Y.: The Natural History Press, 1969, p.120의 도판 재정리

일종의 엔트로피 증대로 볼 수 있습니다.

그래서 최근 저低엔트로피 패러다임 속에서 슬로우 푸드slow food 나 유기농법 음식을 먹는다든지, 아니면 고칼로리 군이 아니라 감자나 고구마같이 식량 단계가 아주 낮은 식물을 직접 먹는 경우가 늘고 있습니다. 예컨대 감자를 먹으면 100명이 먹는데, 달걀을 먹게 되면 10명만 먹을 수 있죠. 감자가 동물을 거쳐 계란이나 우유가 되는 과정에서 많은 쓸모없는 에너지, 즉 엔트로피가 증대하는 겁니다.

저엔트로피 패러다임과 관련해서 1960년대 조경 분야에 중요한 개념이 대두하는데, 이때 생태적 접근 방법을 확립한 맥하그Ian L. McHarg의『Design with Nature』(1969)라는 저서가 등장합니다. 맥하그가 지향한 것은 '음陰엔트로피neg-entropy'입니다. 풀어 말하면 'negative entropy'죠. 도도하게 증대해서 흐르는 엔트로피를 다시 역逆으로 돌리는 역할을 조경계획의 개념으로 설정했습니다. 낮은 질서에서 더 높은 질서로 가게 하는 것, 점점 단순화해 가는 것을 다양하고 복잡하게 만드는 것, 그래서 결과적으로 생태적 측면에서 환경이 안정성을 찾도록 하는 것을 생태적 조경계획의 중요 개념으로 본 겁니다.

chapter 6 - 생태계획론

또한, 그는 네겐트로피 역할을 하는 요소로 네 가지를 꼽았어요. 제일 첫 번째 기여자giver는 비를 오게 하는 '태양'입니다. 엔트로피가 증대한다는 것은 물이 자꾸 아래로, 강·바다로 흘러간다는 겁니다. 아래로 흘러갈수록 쓸모가 없어지겠죠. 에너지를 생산할 수도 없고, 논에다 물을 댈 수도 없지요. 그러지 않도록 다시 역으로 산꼭대기로 흘러 보내는 것, 하늘로 올려 보내는 역할, 영어로 말하면 'bringer of rains'의 역할을 하는 것이 바로 태양입니다. 두 번째 기여자는 원시 생명체들의 보고home of ancient life인 '대양大洋'입니다. 광합성을 할 수 있는 요소로, 우리 눈에 보이는 식물에만 있는 것이 아니고 대양에도 무궁무진합니다. 대표적인 게 플랑크톤 같은 미생물이 있죠. 세 번째 기여자는 '엽록소chloroplast and the plants'입니다. 생산자죠. 그다음 네 번째 기여자는 '분해자essential decomposers'입니다.

생태적 계획의 기본 개념은 조경 계획가가 어떤 지역을 개발해서 주거지역이나 관광지 등 어떤 용도로 쓰든지, 당초에 있었던 생태적 안정을 계속 유지하도록 해야 한다는 겁니다. 생태적 안정을 최우선으로 삼아야 한다는 거죠. 그러기 위해서는 자연환경이 가진 여러 가지 생태적 과정과 패턴에 순응해야 합니다. 물줄기가 있으면 물줄기를 살려야 하고, 나무가 있으면 나무를 살려야 하며, 또 동식물이 살고 있으면 어느 정도는 지속해서 살도록 해야 하고, 갯벌이 있으면 갯벌 고유의 생태계가 어느 정도는 유지되도록 해야 합니다. 그리고 생태라는 것은 하나의 자연적 과정이어서, 이를 유지하려면 자연의 흐름을 이해하고 분석해야 합니다. 그래서 생태적인 방법에서 제일 중요한 것은 한 시점이 아니라 과거부터의 과정으로서 자연을 파악하고 이해하는 겁니다.

맥하그는 자연과 취락지가 공존하는 뉴욕 주변 지역인 스태튼 섬 Staten Island을 생태적 방식으로 조사했습니다. 이는 생태적 조사 방식의 표본이 되었는데, 경사나 고저 차 같은 땅의 형태, 식물의 분포도,

홍수 발생지역 등 수십 가지를 조사해서 지도로 만들었습니다. 이를 '생태학적 명세서'라고 합니다. 그리고 어떤 용도로 쓸지 결정하기 전에 이 지도를 전부 중첩overlapping했습니다. 그러면 어디 경사가 급한지, 어느 식생이 좋은지 나오겠지요. 이렇게 생태적 명세서를 종합해서 '이 지역은 절대로 보존해야 한다, 이 지역은 어느 정도 개발해도 좋다, 이 지역은 소극적인 레크리에이션 공간으로 개발해도 된다, 이 지역은 공업지역이나 상업지역으로 적극적으로 개발해도 괜찮다, …' 이런 식으로 지역 용도를 정했습니다. 생태적 측면을 파괴하지 않는 범위 내에서 개발하도록 프로젝트를 수행한 거죠. 이후에도 그는 여러 프로젝트를 진행하면서, 생태 파괴 없이 자연 흐름을 유지하며 개발하려면 어떻게 해야 하는지를 연구하고 제안했습니다.

도쿄 코야초 공원(東京港野鳥公園).
황폐한 바닷가 늪지를 복원해
'갈매기의 낙원'으로 조성하였다.

사람의 공원 침입을 막고자,
이곳 관찰대에 숨어서만
새들을 관찰하도록 하였다.

생태적 계획, 생태적 도시

생태적 계획의 첫 번째 특징은 해당 지역 내 동식물의 다양성을 극대화한다는 겁니다. 생태적으로 다양할수록 안정화합니다. 다양성을 극대화함으로써 안정성을 추구하는 것이 바로 생태계획의 특징입니다.

　두 번째는 파괴되기 쉬운 지역, 예를 들면 홍수의 침해가 잦거나 토양이나 지질 구조 때문에 개발 제한이 있는 지역을 구분하고 찾아내 이를 개량하는 것입니다. 특히 홍수 범람원 같은 지역을 안정화합니다.

　세 번째는 자연적인 천이, 그러니까 식생이 과거에는 어떠했고 앞으론 어떠할 것이라는 자연적 천이 과정succession process을 예측해 식생계획을 수립하는 겁니다. 예를 들면, 소나무가 소멸하고 참나무류로

도쿄 도립 노가와 공원(都立野川公園)에 있는 자연관찰원의 산책길. 생태 체계를 손상하지 않고 자연을 학습하도록 목재 데크로 관찰로를 조성하였다.

연못과 습지의 풍경.
반딧불이 서식할 수 있게 하는 등, 생물의 종 다양성을 고려한 환경을 조성하여 생태적 생육 환경을 시험하였다.

대체되는 식의 자연적 천이가 있습니다. 그러므로 우리가 나무를 조사할 때 그 나무가 현재 어디에 있고, 경관적으로 멋지니 보존해야 한다는 방식으로만 조사하는 게 아니라, 그전부터 그 위치에 자생했는지 아니면 외부에서 이식한 것인지, 과거엔 없던 것이 새로 생겨났는지, 앞으로 점점 없어져 가는 수종인지 여부도 검토하는 겁니다. 나무가 편안히 성장하도록 과거를 비추어 미래를 예측하고 대처해야 한다는 거죠.

생태적 환경 문제는 도시 전반에 걸친 삶의 질 문제로까지 번져나가므로, 도시 차원에서도 생태적 접근이 필요합니다. 우리나라에도 생태도시 혹은 환경도시, 환경공생도시, 환경친화형 도시, 녹색도시, 에코폴리스, 에코시티 같은 개념이 제시되었습니다. 조금씩 다르지만, 포괄적으로는 도시 전체를 생태적으로 안정하게 만들자는 겁니다. 도시를 그 안에서 안정된 환경이 유지되는 하나의 유기체로 보자는 거죠. 도시에서 발생하는 여러 가지 활동이나 구조를 안정된 자연 생태계가지닌 다양성·순환성·안정성에 가깝도록 계획하고 설계해서, 인간과 자연이 공존하는 도시로 만들자는 겁니다. 동식물이 일정한 공간 내에서서로 균형과 질서를 유지하고 있을 때, 생태계ecosystem가 안정되었다고 말합니다. 생태계를 구성하는 요소는 크게 생물적 요소와 무생물적 요소의 두 가지로 구분합니다. 무생물적 요소의 대표적인 것이 물, 흙같은 겁니다.

생태도시와 관련해서 조경 입장에서 중요하게 다루어야 할 문제가 몇 가지 있습니다. 하나는 자연 경관과 수목 등 '녹지의 확보'인데, 녹지가 생태적으로 안정되도록 그 양을 확보하는 것이며, 또 하나는 '물 순환'입니다. 생태도시에 덧붙여 '물순환형 도시'라는 말도 사용합니다. '레인가든rain garden'이라고 있는데, 빗물을 저장해 두었다가 서서히 땅속으로 침투하도록 하는 정원입니다. 홍수 피해를 막고, 빗물을 정원 관리에 활용할 수도 있습니다. 그런데 여러 가지 복잡한 문제가 있어요. 처음 몇 분 동안 내린 빗물에는 오염물질이 많아 흘려보내야 하고 나머지는 어딘가에 저장해야 합니다. 그러면 이를 어디에다 둘 것인지, 그 물이 깨끗한지 같은 문제입니다. 하지만, 레인가든을 만드는 여러 기법이 독일 등에서 이미 개발되어 있고, 우리나라에서도 주택단지 개발에 많이 활용하고 있습니다.

생태적 계획과 관련해서 조경가의 역할이 큽니다. 지금은 은퇴하셨지만, 서울시립대학교 조경학과 이경재 명예교수님과 그 제자들이 개발시대에 큰 역할을 하셨죠. 일례로, 당시에는 택지 개발이 굉장히 많이 이루어졌습니다. '주거 500만 호 계획'이 세워지기도 했고, '5대 신도시'(산본, 분당, 일산, 중동, 평촌)가 건설되기도 했습니다. 그런데 마구잡이로 대단위 주택지를 개발하다 보니, 산의 맥이 끊겨 생태적 흐름이 없어지거나 냇물로의 물 흐름이 끊기는 등, 생태 파괴가 막심했습니다.

이에 이경재 교수님은 어느 지역을 개발하려면 우선 생태 조사를 하고, 그에 따라 개발계획을 수립해야 한다고 주장했습니다. 지형, 물 흐르는 길, 바람 통로 같은 다양한 요소를 고려해서, 생태적 원칙이나 원리를 반드시 유지해야 할 곳, 우선해서 유지할 곳 등을 미리 정해 놓고 나머지 지역을 개발해야 한다고 제안하기 시작했습니다. 이후로, 어느 지역을 개발하든지 간에 사전 환경성 검토를 거쳐 생태적 관계를 파괴하지 않는, 오히려 살리는 방식의 계획을 세운 다음에 개발하는 방식이 사회적으로 받아들여졌습니다. 개발업자들과 많이 싸웠겠죠? 그 결과, 서울 은평지구는 바람길을 반영한 택지지구로 조성되었습니다. 능선을 살렸고, 개발하면서 발견한 맹꽁이 서식지 일대는 늪지로 조성했습니다. 그곳 주민들이 아주 좋아합니다.

지속가능성이라는 패러다임과 조경가의 역할

'sustainable development' 또는 'sustainability'. 우리나라에서는 '지속가능한 개발'로 번역합니다. '지속가능성'이라고도 하죠. 지속가능성은 참 어려운 개념이지만, 하나의 세계관이라고 할 정도로 상당히 널리 퍼져 있습니다. 이는 인간과 자원의 상호 의존성에 관한 개념입니다. 1987년 '세계환경개발위원회WCED; World Commission on Environment and Development'는 다음과 같은 정의를 내렸습니다. "지속가능한 개발은 미래 세대의 필요를 충족할 능력에 손상 주지 않으면서 현세대의 필요를 충족하는 개발이다Sustainable development that meets the needs of the present without compromising the ability of future generations to meet their own needs." 쉽게 말하면, 후세 사람들을 위해서 좀 남겨놓고 필요한 만큼만 개발하자는 겁니다. '보존하면서 개발해라', '개발을 최소화하라' 이런 뜻이 들어가 있습니다. 이른바 "환경적으로 건전하며 지속가능한 발전ESSD; Environmentally Sound and Sustainable Development"입니다.

처음 시작은 1992년 6월 리우데자네이루에서 열린 '리우 정상회담'에서입니다. 한쪽에서는 세계 정상들이 모여서 회의하고, 다른 한쪽에서는 비정부기구NGO들이 모여 논의했습니다. 이 회의에서는 경제뿐 아니라 자연자원을 포함한 생태계 전체가 지속가능해야 한다고 의견을 모았습니다. 그리고 이를 위한 실천 행동계획이자 행동지침으로 21세기를 향한 과제라는 의미인 '의제 21Agenda 21'을 채택했습니다. 2002년 9월, 남아프리카공화국 요하네스버그에서 개최된 '지속가능발전 세계정상회의WSSD; World Summit on Sustainable Development'에서는 '의제 21'의 지속적 추진을 재확인했습니다.

'의제 21' 제28장에는 지방정부를 비롯해서 지방 차원의 책임과 역할을 담은 '지방의제 21'의 실천을 강조했는데, 1994년 영국 맨체스터에서 열린 '지구환경회의Global Forum'를 계기로 우리나라에도 본격적으로 소개되기 시작했고, 1995년부터 몇몇 지방자치단체를 중심으로 '지방의제 21'을 수립하기 시작했습니다. 이는 "think globally, act locally"를 지향합니다. '생각은 범지구적으로 하고, 실천은 지역적으로 하자'는 의미죠. 환경 문제가 지역 범위를 넘어서므로 같이 모여 고민해야 하지만, 실천은 지역 단위에서, 즉 각자가 책임질 수 있는 지역에서 해야 한다는 겁니다.

지속가능성 패러다임에서 개념은 아직도 애매하고 방향 설정이 명확하진 않지만, 우리가 앞으로 계속 가져가야 할 절체절명의 개념입니다. 이 개념을 함께 고민하고 실천 방향을 모색해야 할 뿐만 아니라, 각자의 자리에서 실천해야 합니다. 또 행정가들과 전문가들은 연구로써 좋은 방안을 마련해야 합니다. 조경가도 이 패러다임 안에서 무엇을 할 것인가를 찾아야 합니다. 지속가능성은 세 가지가 서로 맞물려 있습니다. '환경적 지속가능성', '경제적 지속가능성', '사회적 지속가능성'입니다. 먼저 환경이 지속가능해야 한다는 겁니다. 생태적으로 안전하고, 건전해야 하며, 사람한테도 이로워야 한다는 거죠. 그러므로 공기 오염을 줄여야 하고, 기후 안정도 필요합니다. 이를 위해서는 비용이 들겠죠? 그래서 경제적으로도 지속가능해야 합니다. 이는 성장과 관련됩니다. 그런데 자칫 경제적 성장economic prosperity을 강조하면, 사회적 형평성social equity이 훼손될 수 있습니다. 이 세 가지는 상충될 수 있습니다. 상당히 어려운 문제이지만, 이들 균형이 맞아야 궁극적인 지속가능성입니다. 세 가지 환경이 부딪히면서 파생되는 부정적 효과를 최소화하고, 긍정적 효과를 극대화하는 과정이어야 합니다. 이것이 큰 틀이고, 이 틀 안에서 여러분들은 각자 조경가의 역할을 생각해 보셔야 합니다.

오충현

도시생태계의 이해

급격한 도시화가 초래한 환경 문제

우리는 현재 전체 인구의 약 90%가 도시에 거주하는 시대에 살고 있다. 우리 사회는 광복 이후 급속한 산업화 과정을 거치면서 세계에서 유례를 찾아보기 힘든 급격한 도시화 과정을 겪었다. 그 속도는 많이 둔화되었지만 지금도 우리는 여전히 도시화의 몸살을 곳곳에서 앓고 있는 중이다. 또한 이 과정에서 양적 성장 위주의 경제 활동과 편의 우선주의 생활양식이 파급됨으로써 도시뿐만 아니라 국토 전체의 생태계와 생활환경을 악화시켰고 많은 미풍양속과 정신세계의 황폐화라는 부작용을 불러왔다.

도시都市란 사람이 모여 사는 곳이라는 뜻의 도都와 물건을 사고파는 곳이라는 의미의 시市가 모여 만들어진 용어다. 이 의미를 풀이하면 도시란 많은 사람들이 모여 주거활동, 경제활동, 문화활동, 교통활동, 행정활동 등의 활동을 하는 데 필요한 물리적인 제반시설(주택, 상점, 도로, 상하수도 등)이 집적되어 있는 일정한 범역을 가진 토지(공간)인 동시에 생활방식이라고 할 수 있다. 이와 같은 물리적, 경제적인 특성 이외에도 도시에 대한 시각은 매우 다양한데 멈포드Mumford는 "도시란 그곳에 사는 인구나 웅장한 건물에 의해 결정되는 것이 아니라 그곳에서 형성되는 문화·예술·종교·정치의 형태에 있다"고 하였다.

  18세기 말 영국에서 시작된 산업혁명으로 인해 도시는 많은 노동자들을 필요로 하게 되어 새로운 사회현상으로 이촌향도離村向都에 의한 인구의 도시 집중 현상이 발생하였다. 산업혁명 이전에는 세계 인구의 단 3%만이 도시에 거주하였으나 국제통화기금IMF에 의하면 2008년말 세계 인구의 약 50%가 도시에 거주하고 있으며, 2030년에는 약 60%에 육박할 것으로 추산하고 있다. 우리나라의 경우에는 2018년 말 현재 전체 인구의 약 92%가 넘는 인구가 도시에 거주하고 있다. 우리나라 국민은 세계에서 유례를 찾기 어려울 정도로 과밀화된 도시에서 살고 있는데, 전체 인구의 5분의 1이 국토 면적의 0.6%에 불과한 서울에 몰려 살고 있고, 전체 인구의 약 50% 이상이 국토 면적의 3%에 해당하는 수도권 도시에 몰려 살고 있다. 인구의 도시 집중으로 유한한 생태자원의 무리한 이용, 즉 한계수용능력을 벗어난 이용이 불가피하게 되었다. 그 결과 수질오염·대기오염·토양오염 등과 같은 각종 환경오염이 심화되었고, 생태계 훼손, 범죄 증가와 같은 사회적인 문제가 발생하는 등 각종 도시 문제가 심각해지게 되었다.

도시생태계 개선 방안

도시생태계urban ecosystem란 도시 지역의 생태계를 의미하는 '도시urban'와 '생태계ecosystem'라는 용어의 합성어다. 도시생태계는 자연생태계와는 달리 도시 지역에서 생산하는 생산량보다 훨씬 많은 양의 음식물과 유기물, 에너지를 소비하는 대표적인 종속영양생태계다. 따라서 도시는 도시 면적보다 훨씬 넓은 배후 녹지 및 농촌 등과 같은 독립영양생태계 지역이 뒷받침되어야 유지가 가능하다. 또한 도시가 가진 생태적 종속 정도를 줄여주는 것이 중요하다. 이를 위한 개선 방안들을 살펴보면 다음과 같다.

토양 기능 회복

토양은 지상에 생육하는 모든 동식물 생존의 기반이다. 과거에는 건축물을 제외한 토양의 대부분이 자연 상태로 유지되거나, 경작지로 이용되어, 토양 자체가 대부분 빗물과 대기에 노출된 형태였다. 이와 같이 노출된 형태의 토양은 적절한 수분을 함유하고, 다소의 오염이 발생하는 경우에도 이를 자정할 수 있는 능력을 갖추고 있어서 토양 속에 빗물을 함유하거나 미생물이 서식하는 데 적합한 환경을 유지해 왔다. 하지만 산업화 과정에서 도시의 토양은 건축물과 포장도로에 의해 대기와 단절된 죽은 토양이 되었다. 또한 각종 화학물질이나 폐수에 의해 토양이 오염되어 도시의 토양은 생명체를 부양하기에는 부적합한 토양으로 변화하였다. 또한 도시 지역의 토양은 건축물이나 포장도로에 의해 상당 부분이 피복되어 있다. 서울의 사례로 살펴보면 서울은 전체 면적의 48%가 포장된 공간이다. 서울의 시가화 면적이 전체 면적의 약 58%임을 감안하면 시가화 지역 중 공원 등의 녹지지역을 제외하고는 거의 대부분이 포장되어 불투수 정도가 매우 심각함을 알 수 있다.

하지만 도시지역의 지나친 토양 포장이 도시생태계에 악영향을 미치는 것이 확실함에도 불구하고, 토양 포장 정도를 개선하기란 쉽지 않은 일이다. 우선 사람이 살고 있는 건축물의 경우, 건축물 자체가 원천적으로 토양을 포장할 수밖에 없는 시설이고, 도로는 속도나 안전을

서울로7017의 인공지반녹화

위해 아스팔트 등의 포장이 반드시 필요하기 때문이다. 이와 같은 어려운 점에도 불구하고, 도시의 토양 기능을 회복시키기 위해서는 다음과 같은 여러 가지 대안을 강구해 볼 수 있다.

우선 건축물에 의해 훼손된 토양 환경은 건축물의 상부, 즉 옥상을 녹화하는 방법으로 이를 다소나마 해결할 수 있다. 옥상에 올려진 토양(주로 인공적으로 만들어진 경량토양)은 빗물을 흡수하여 빗물 유출량을 저감시키고, 보온, 습도 조절, 식물 생육 공간 마련 등의 다양한 환경 조절 기능을 수행하게 된다.

두 번째로 고려해 볼 수 있는 것이 주차장, 인도 등과 같이 차량의 안전에 지장을 주지 않는 공간에 대한 투수 포장이다. 투수 포장이란 각종 활동에 지장이 없는 범위 내에서 토양을 포장하되 빗물이 지하로 침투될 수 있도록 하고 때로는 식물 생육이 가능하도록 하는 포장 방법을 말한다.

물순환 환경 회복

도시생태계를 회복시키기 위해서 두 번째로 고려해할 사항이 물순환 환경을 회복시키는 방안이다. 물순환 환경의 회복이란 앞서 살펴본 토양 포장 저감과 매우 밀접한 관련이 있다. 물순환 환경에서 고려해야 하는 수자원에는 빗물과 지하수, 지표수 등 크게 3가지 종류가 있다. 빗물은 지하수나 지표수가 귀한 곳에서는 매우 귀중한 수자원이다. 하지만 물 부족 국가라고 알려진 우리나라에서는 의외로 빗물 활용에 대한 관심이 매우 낮다. 하늘에서 무상으로 주는 귀한 자원인 빗물을 가장 빠른 시간 안에 강으로 내보내면서, 우리는 비싼 돈을 들여 정수한 수돗물을 부담감 없이 활용하고 있다. 심지어 정원에 주는 물이나 청소용 허드렛물까지도 수돗물을 사용하고 있다. 이와 같은 자원의 낭비를 막기 위해서는 빗물을 활용하는 시스템을 갖추어야 한다. 도시에서 유출되는 빗물을 모아두었다가 재활용하는 것은 수자원의 낭비 방지, 에너지 절감, 댐 건설 저감, 도시 홍수 예방 등과 같은 다양한 효과를 기대할 수 있다. 이외에도 물순환 환경을 회복시키기 위해서는 중수도 이용, 복개하천 복원, 자연형 하천 조성 등 다양한 대안들을 검토해 볼 수 있다.

에너지 절약

세 번째로 고민해야하는 부분이 에너지 절약 대책이다. 에너지는 우리 눈에는 직접적으로 보이지 않지만 도시 환경을 악화시키는 주범이다. 도시민들이 사용하는 에너지 중 가장 심각한 문제를 야기하는 것이 자동차 이용에 따른 대기오염이다. 자동차의 증가에 따라 대기오염의 주범이 자동차에서 배출되는 질소화합물로 바뀌게 되었고, 그 결과 우리나라의 도시는 상습적인 미세먼지 피해, 오존 피해, 산성비 등과 같은 대기오염 피해를 겪게 되었다. 이를 방지하기 위한 방안은 자동차 이용에 대한 새로운 윤리를 정립하고, 가능한 대중교통을 이용하는 것이다. 다음으로 고려해야 하는 것이 가정용 냉난방, 가전기구의 활용 등에 따른 에너지 소비를 줄이는 방법이다. 이를 위해 가장 좋은 방법은 우리의 삶의 규모를 줄이는 방법이다. 조선시대의 실학자 홍만선이 쓴『산림경제』에는 오늘날 넓은 집과 큰 자동차만을 선호하는 우리들에게 귀감이 되는 내용이 담겨 있다. 홍만선은 살림집을 실하게 하고 주인을 부하게 하는 것으로 집이 작은데 비해 식구가 많은 것, 집이 작으며 가축이 많은 것 등을 지적하고 있다. 반면 주인을 가난하게 하는 살림집은 집은 큰데 사람 수가 적은 것, 집터가 지나치게 넓어 집이 차지하는 부분보다 마당이 엄청나게 큰 것 등을 들고 있다. 집이 작으면 가족끼리 대화하고 얼굴을 보는 시간이 많아지지만, 집이 지나치게 크면 가족 간의 대화가 단절되고, 자기만의 공간에 익숙하게 되는 것이 인지상정이다. 당연히 집을 유지하는 데 필요한 에너지와 비용 등도 더 들기 마련이다. 실학자다운 실용성이 돋보이는 내용이지만 오늘을 사는 우리에게 주는 교훈이 매우 크다. 우리가 사는 공간을 줄이고, 사용하는 에너지를 줄이고, 사용하는 물건의 크기와 가짓수를 줄이는 것은 도시생태계 회복에서도 매우 중요한 일이다.

녹지 확충 및 도시농업 활성화

대규모 공원이나, 숲을 새롭게 조성하는 것은 도시생태계 회복에 있어서 매우 중요한 일이지만 지가 문제 등 여러 가지 어려움이 있다. 하지만 시민운동 차원에서 참여할 수 있는 도시녹지 확충 방법은 다양하다. 옥상에 정원을 만들거나, 집밖에 화분 내놓기 등과 같은 간단한 방법부터 담장 허물고 나무를 심는 방법, 동네 유휴 공간에 화단을 조성하는 방법 등은 시민운동 차원에서 도시를 녹화하는 방법들이다. 주민들이 합심하여 녹지를 조성하게 되면 그 지역의 범죄가 감소한다는 보고가 있다. 주민들이 자주 얼굴을 보게 되면 그 지역에서 익명성이 감소하게 되기 때문이다. 아울러 지역 커뮤니티의 활성화, 원예 치료 효과와 같은 부수적인 효용들도 기대해 볼 수 있다.

도시농업은 도시가 전쟁에 의해 고립되거나 농촌으로부터 물질 공급이 원활하지 않았던 1, 2차 세계대전 이후 활성화되었다. 영국의 얼롯먼트, 독일의 크라이넨가르텐 운동 등이 대표적인 사례다. 도시농업은 도시생태계의 물질과 에너지 순환에도 도움을 준다. 도시농업 공간은 빗물을 저장하고, 유기물 쓰레기를 재활용할 수 있으며, 녹지 공간으로 인해 도시 열섬현상이 저감되는 효과를 가져 오기 때문이다. 아울러 생물다양성 측면에서도 도시 지역에 나비와 벌들을 불러 모으고, 사라져가는 토종 종자를 보전하는 역할을 수행하기도 한다.

서울시 강동구 공영 도시농업 농장

chapter 6 - 생태계획론

지속가능한 도시를 위하여

우리는 직장이나 교육과 같은 다양한 이유 때문에 도시에서 살고 있다. 이런 도시를 쾌적하고 환경친화적이며 편리한 공간으로 유지·관리하는 것은 우리 모두의 과제다. 과연 도시를 어떻게 유지관리하는 것이 지속가능하고 환경친화적인 도시로 만드는 것일까? 이에 대한 답을 얻기 위해서는 도시생태계의 특성을 잘 이해하는 것이 필요하다. 종속영양생태계인 도시는 도시를 부양하는 주변 농촌과 자연생태계의 도움 없이는 존립이 불가능한 생태계다. 도시가 과밀하게 개발되고 양적으로 팽창한다 하더라도 외부에서의 에너지와 물질 공급이 가능하다면 도시는 지탱 가능하다. 하지만 지구는 자원이 유한하므로 재생에 대한 고려 없이 자원을 남용한다면 언젠가는 도시로 공급되는 에너지와 물질이 고갈될 수밖에 없고, 그 날이 오면 인류의 문명도 그 수명을 다하게 될 것이다. 지속가능한 도시를 만들기 위해서는 시민들의 의식 속에 우리가 살고 있는 도시를 우리의 후세들도 잘 살아갈 수 있도록 관리해야 한다는 인식을 가지고 있어야 한다. 경제적으로 부담이 되더라도 도시의 지속성 측면에서 권장하는 일이라면 이를 실천하고자 하는 의지를 가져야 한다.

이규목·장혜정

환경심리론

환경심리론,
인간과 환경의 관계에 대한 고찰

Design for Humanity:
이해하고, 느끼고, 보듬는 조경

이규목

환경심리론, 인간과 환경의 관계에 대한 고찰

환경심리학을 공부해야 하는 이유

1960년대부터 환경심리가 각광을 받기 시작했습니다만, 정의는 쉽지 않습니다. 간단하게 말하면 인간과 환경의 관계에 대한 과학적 연구입니다. 인간은 행동을 하지만 생각도 하고 지각도 합니다. 행동은 밖으로 드러나지만 생각과 지각은 그렇지 않습니다. 다층적이죠. 환경도 다층적입니다. 규모로 보면 가정 환경, 학교나 직장이라는 사회적 환경, 사는 동네, 한국이라는 나라, 지구, 규모만 가지고도 복잡하죠? 그래서 그 관계를 일일이 모두 따지기 어렵습니다. 관계마다 맥락이 다르기 때문입니다. 도시와 인간의 환경을 연구한다면 도시환경계획 연구가 될 테고, 지리 역사적으로 보면 지리환경 연구가 되겠죠. 더 세분하여 동네 환경이나 주거 환경을 보는 것은 조경이나 건축처럼 인간의 신체와 직접적으로 관련되는 환경에 관심을 갖는 거죠. 그렇기 때문에 환경심리학은 인간의 심리뿐만 아니라 인간이 환경과 관계를 맺는 과정을 시·공간의 맥락에서 이해해야 하는 학문입니다.

이러한 연구는 인문학, 특히 인류학이나 심리학에서 많이 해왔습니다. 그러면 조경에서는 왜 환경심리학을 공부해야 할까요? 결국 조경은 사람들이 사는 환경을 디자인하기 때문에 사람들이 어떻게 환경을 사용하는지 알아야 합니다. 사람들의 행태를 관찰해보면, 어디에서 이야기하고 있는지, 벤치를 어떻게 놓았을 때 더 대화를 많이 하는지를 알 수 있습니다. 관찰된 결과를 가지고 사람들의 활동에 보다 맞는 환경을 디자인 할 수 있습니다. '행태를 기초로 하는 환경 설계behaviour based design'라고 합니다. 이렇듯 조경 분야에서는 순수학문에서 성취한 것들을 어떻게 설계에 응용할지를 연구하기도 합니다.

그런데 만약 인간이 활동을 하지 않을 때, 즉 새로운 공원 같이 사람들의 행태를 직접 관찰 할 수 없을 때는, 사람들이 어떤 행동을 할지를 어떻게 예측할 수 있을까요? 관찰하기 어려울 때는 인터뷰 할 수 있습니다. 예를 들어 사람들한테 가족들과 공원을 찾았을 때 어디에서 쉬는 게 좋은지, 축구나 농구 같은 스포츠 활동을 좋아하는지 등등 생각과 태도를 물어볼 수 있습니다. 이를 이용자 선호도 또는 만족도 조사라고 합니다. 행태를 직접 관찰할 수도 있지만, 간접적으로 사람들의 태도를 예측해 볼 수 있는 거죠. "내 경험에 비추어 볼 때 주변 환경이 이러하면 나는 이렇게 행동을 하겠구나"하고 상상을 해보도록 하는 거죠. 과거 자신의 경험이 기억이나 습관, 가치관으로 배어 있게 되는데, 설계자는 그러한 경험을 끌어내어 설계에 반영하는 것입니다.

'인간-환경'을 이해하기

인간 행태에 대한 대립적 접근 방식

현대 심리학에서는 인간 행태를 몇 가지의 대립 관계적인 관점으로 이해하기도 합니다. 다음의 표에서 보듯 '결정론 대 자유 의지', '경험론 대 자연론(본성론)', '후천성 대 선천성', '환원론 대 총체론', '완강함 대 부드러움'으로 구분할 수 있습니다.

결정론determinism	자유 의지freedom: free will
경험론empiricism	자연론(또는 본성론)nativism
후천성nurture	선천성nature
환원론atomism	총체론holism
완강함tough minded	부드러움tender minded

먼저 결정론determinism과 자유 의지free-will부터 살펴보겠습니다. 결정론적 접근에서는 모든 우리의 행동은 어떤 원인에 의해 결정된다고 봅니다. 즉, 어떤 행동에는 반드시 동기나 원인이 있지, 순수한 우연은 없다는 겁니다. '내 운명은 어떤 다른 무엇에 의해서 결정된다'고 보는 시각이나 '환경적 요인 때문에 내가 이렇게 행동한다'로 보는 시각이 이에 해당됩니다. 대표적 결정론자로는 점성술사나 점쟁이가 있겠죠. 속칭 점쟁이는 '당신의 운명은 당신의 의지와 상관없이 이미 정해져 있어요'라고 말하죠. 이에 반해 자유 의지란 '내 의지에 따라 내가 행동하고 어떤 결과를 만들어갈 수 있다'라는 태도를 말합니다.

두 번째로 '경험론 대 자연론'을 보겠습니다. 저는 자연론 대신 본성론이라는 단어를 씁니다. 경험론과 관련해서는 17세기 근대 영국의 철학자 존 로크John Locke가 『Essays Concerning Human Understanding』이라는 책에서 이론화 했습니다. 라틴어 'tabula rasa'라는 단어가 있습니다. 영어로는 'blank sheet'라고 합니다. 우리는 원래 백지white paper, born blank로 태어났고, 마치 백지에 그림을 그리는 것과 같이 우리의 경험이 각 개인을 만들어간다는 말이죠. 세 살 버릇 여든 간다는 말처럼, 인간의 개성이란 축적된 경험과 습관으로 이루어졌다고 보는 거예요.

　이와 대조적으로 본성론 또는 자연론은 우리 인성과 행동의 주요한 특성을 선천적natural이라고 보는 관점이죠. 쉽게 말해 인간의 본성은 선천적이라는 겁니다. 어떤 사람이 음악에 천재성을 보이는 것은 선천적으로 절대 음감을 가지고 있거나 본래 음악에 소질이 있게 타고 난거지 후천적 노력의 산물이라 보지 않는 겁니다. 이 두 가지 태도는 아리스토텔레스 대 플라톤 철학으로 비교되기도 합니다. 아리스토텔레스는 경험론을 말한 최초의 철학자고, 플라톤은 절대미인 진선미가 있다고 보았기 때문이죠.

　환원론과 총체론에서 영어로 환원론은 'atomism', 총체론은 'holism'이라고 합니다. 환원론은 세상만사를 쪼개고 헤쳐서 작은 단위로 분석해야 설명할 수 있다고 보는 겁니다. 즉 환원해야 한다고 보는 연구 방법이고, 총체론은 분석하는 것이 아니라 총체적으로 봐야 한다는 것이죠. 서양의 학문적 태도는 환원론적입니다. 객관적으로 데이터를 정리하고 분석해서 어떤 결과를 도출해 내는 것은 완강한tough-minded 연구 태도로 보기도 합니다. 이에 비해 동양적 학문은 사물과 현상에 총체적으로 접근합니다.

　우리는 서구적 접근 방식으로, 즉 분석적 태도로 학문을 대하는 경향이 있어요. 가령 '하늘 경관이 아름답다'를 분석한다고 했을 때, 서구적 환원적 연구 태도로 보면 '구름의 양이 몇 % 이고 하늘의 색이 어떻게 푸를 때 사람들의 선호도가 높다' 같이 상관관계를 환원시킵니다. 또 '그림이 아름답다'고 하면 환원주의자들은 그림을 확대경으로 들여다보고 화소의 집합, 점들의 집합으로 미를 설명하려 하겠죠. 그런 의미에서 총체론은 심리학 용어로 tender-minded라고 합니다. 사실상, 경관이라는 것은 그렇게 100퍼센트 객관화하기 어렵죠. 평범한 곳도 내가 좋으면 아름다워 보일 수 있는 것처럼, 경관은 항상 주관성이 내포되어 있어요.

　제가 이러한 대립 관계를 설명하는 이유는 이러한 인간 정신의 커다란 존재론적 또는 인식론적 틀이 개개인의 가치관과 믿음의 체계를 형성하기 때문입니다. 저는 '총체론holism'적 사고를 하는 사람입니다. 그래서 제가 논문을 내면 소위 환원적 사고를 하는 분들은 공격을 많이 합니다. 환원론적인 생각을 가진 사람들은 객관적 자료나 정보는 숫자나 계량적 단위로 연구하고, 총제론적으로 사고하는 사람들은 어떻게 항상 숫자로 세상만사를 따지냐고 하죠.

인간-환경의 3개의 관계 유형

위의 연장선상에서 환경과 인간의 관계에 대한 태도를 결정론, 가능론, 개연론이라는 세 가지 유형으로 나눌 수 있어요. 첫째는 환경결정론environmentalism입니다. 환경이 결정론적으로 인간의 행복을 결정한다는 겁니다. 찰스 다윈의 진화론이 대표적인데 아주 오래된 생각이죠. 환경에 성공적으로 적응할 수 있는 종만 살아남고, 나머지는 도태된다는 거예요. 기후결정론climatic determinism 또한 이와 유사한 이론인데 쉽게 말해서 추운 지역 사람들은 추워서 함께 뭉쳐 있기 때문에 사고를 발전시키지 못했고, 더운 지역 사람들은 날씨가 더워 늘어져 있으니까 발전을 못했다는 식이죠. 일본 사람들의 우리나라에 대한 식민사관도 유사한 예죠. 우리나라가 대륙의 끝에 있어서 대륙 눈치 보고 바다로 나가려면 일본 눈치를 봐서 식민지가 될 수밖에 없다는 거죠. 일본인들이 일제 식민지 통치를 정당화하려고 이용한 이론이죠. 환경결정론은 위험한 영향력을 발휘할 수 있어요.

　두 번째 환경가능론environmental possibilism에서는 환경을 인간에게 가능성을 열어주는, 즉 기회를 제공하는 매개체로 봅니다. 이 기회는 실현될 수도 있고 안 될 수도 있습니다. 중요 인자는 인간의 선택과 노력입니다. 마지막으로 환경개연론environmental probabilism입니다. 환경결정론과 환경가능론 사이에 있는 견해입니다. 두 견해가 모두 일방향적인 부분에만 주목하고 있다면 이 견해는 환경과 인간의 지각, 인지, 행동 사이에 관계의 규칙이 존재한다고 보는 것입니다. 1936년 쿠르트 레빈Kurt Lewin이 제안한 경험적 확률 공식인 'B=F(P-E)'이 관계 규칙의 대표적 예입니다. 나중에 설명하겠습니다.

환경 지각과 인지

환경심리학의 세 가지 요소와 상호성

환경심리학의 세 가지 요소인 '지각perception, 인지cognition, 행태behavior의 관련성을 살펴보겠습니다. 인간-환경 관계 모델은 기본적으로 환경이 주는 어떤 자극stimulus에서 시작합니다. 심리학적 용어로는 자극이라고 하지만 인지심리학 용어로는 정보information라고 하죠. 예를 들어 비가 온다고 했을 때, 비는 환경이 주는 자극이자 정보입니다. '나'라는 인지의 주체는 비가 오는 것을 보고, 빗소리를 듣고, 손으로 만지고, 흙냄새를 맡으면서, 즉 5개의 감각기관을 총 동원해서 비가 오고 있는 것을 알게 됩니다. '지각'하면서 동시에 '인지'하는 과정이죠. 지각은 일종의 외적 생리적 반응이고 인지는 내적 두뇌 영역이라 볼 수 있습니다. 칠판 지우개를 예로 들어 봅시다. 지우개를 본다는 것은 마름모꼴의 어떤 물체로 지각perception하는 것이고 우리 두뇌는 이걸 직사각형으로 생긴 글씨를 지우는 기능을 가진 지우개임을 알려줍니다. 이 두뇌 작용을 인지cognition라고 합니다. '인지' 다음에는 판단을 합니다. 비가 오는 걸 알게 되었으니 맞아야 할지, 우산을 써야 할지 판단을 하고, 그 판단에 따라 태도attitude와 행동action을 결정합니다. 비가 오기 때문에 약속 장소에 나가지 않을 수 있고 또는 버스나 택시 중에 하나를 선택하겠죠. 뒤에서 설명하겠지만 어떤 행동action이 모이면 행태가 되고 다양한 행태行態, behavior가 모여서 다시 사회, 경제, 문화 환경을 이룹니다. 또 다시 개인이나 집단의 행태는 자극 또는 정보가 되어 누군가에게 지각·인지됩니다.

지각과 인지

내가 지각한 세계와 실제 세계는 같을까요? 'the world as it is' 또는 'world as perceived'라는 말이 있습니다. 이 둘은 다른 세계입니다. 예컨대 우리가 우주선을 발사하는 모습을 TV로 시청했다고 합시다. 그런데 그 발사체가 우주로 올라갔을까요? 아닐까요? 그건 알 수 없습니다. 우리 시야에서 안보이니까요. 다만 발사했으니 '올라갔겠지'라고 생각하거나 믿을 뿐이지요. 이와 비슷한 예로 많은 사람들이 살았거나 방문했던 동네가 숲, 나무, 작은 옹달샘이 이루는 분위기가 좋아서 몇 년 후에 다시 가봤더니 아파트가 서고 없어졌다는 이야기를 많이 하죠. 황석영의 「객지」라는 유명한 소설을 보면, 주인공은 고향을 떠나 객지 생활을 했지만 돈 벌이도 좋지 않고 사는 게 시시해서 감방에서 나온 죄수와 농사나 지으면서 살자고 고향으로 내려갑니다. 그런데 갯벌 밖 논이 공사판이 되어버렸습니다. 마을이 없어진 거죠. 자신이 서울에 있으면서는 그곳 갯벌에 평화로운 고향 마을이 있다고 생각을 했는데, 사실은 5년 전에 없어진 겁니다.

　　우리들의 판단과 행동은 우리가 평생 지각하고 경험한 환경에 의존합니다. 내게 지극히 평범한 어떤 장소가 누군가에게는 아름답고 소중한 것으로 지각되고 기억되기도 합니다. 이렇듯 'perceived'된 환경은 객관적인 이미지나 실제 상황과 차이가 납니다. 이런 차이 때문에 '시각적 사고visual thinking'가 우리 환경 인지와 창의성 교육에 미치는 영향은 매우 큽니다. 이를 보여주는 대표적 책인 루돌프 아른하임 Rudolf Arnheim의 『Visual Thinking』에서는, 우리가 시각으로, 감각기관으로 외부의 환경 정보와 자극을 받아들이고 정리하면, 아이디어를 낼 때 더 창의적이고 배움에 있어서도 효율적이라고 합니다.

감정, 태도, 가치판단

환경 태도는 'tendency to act' 그러니까 어떤 행위를 하려는 경향성 또는 'The way people feel about something', 즉 사람들이 어떤 대상에 대해서 느끼는 감정이나 태도를 말합니다.

이안 맥하그는 『Design with Nature』라는 책에서 생태적 디자인을 처음 주장한 사람입니다. 이 사람은 원래는 영국 리버풀 탄광촌에서 살았다고 해요. 파괴된 자연과 검은 탄 등 아주 나쁜 환경을 직접 경험하면서 자랐겠죠. 그래서 평생 환경생태계 보전 운동에 이바지하고 자연 자원을 존중하는 설계에 기여하게 된 겁니다. 이 분의 환경에 대한 태도와 감정이 결국 삶의 가치관이 된 거죠. 'value'가 된 겁니다. 환경을 대하는 기본 태도, 즉 부정 또는 긍정 그리고 그것들이 모여 만든 가치관에 따라 우리는 마을이나 사람, 자연을 대합니다.

자신의 가치관과 신념에 따라 여러분이 선택할 직업은 매우 다양합니다. 조경학과에서 열심히 공부해서 이름을 날리는 조경가가 될 수도 있고, 갯벌 같은 환경을 보호하는 운동에 몸을 던질 수도 있습니다. 환경이 파괴되더라도 경제 성장이 중요하다고 믿는 사람들은 조경을 개발 사업으로 볼 것이고, 맥하그처럼 생태적 가치를 위에 놓을 수도 있죠. 또 조경의 미학적 가치에 비중을 주는 조경가도 있을 수 있습니다. 경관을 보는 태도와 가치관은 모두 차이가 있고 그에 따라 다양하게 설계 행위를 하게 될 것입니다. 결과물도 그에 따라 다를 것입니다.

만족과 선호

만족도satisfaction와 선호도preference, 정량적 연구에서는 크게 다르지 않은 개념입니다. 고객이나 이용자가 만족하기 때문에 선호하겠죠. 대개 선호도는 통계조사나 설문지에서 많이 이용됩니다. 만족도는 100점 만점 또는 10점 만점이냐고 물어보니까 애매할 수 있지만, 어떤 것이 낫느냐 선택하는 것은 오히려 구체적이니까요. 만족도도 표준 문항을 만들어 물어볼 수 있습니다. 주로 '매우 만족스럽다. 만족스럽다. 보통이다. 덜 만족한다. 아주 불만족한다' 같이 어떤 정도 차이를 구분해서 물어볼 수 있습니다. 선호도는 어떤 사실에 만족하니 그렇게 행동하겠다라는 뜻이죠. 말하자면 정치인 투표는 자기가 선호하는 사람을 찍는 행위를 통해 자기의 태도를 나타내는 거죠.

조경 분야에서 가장 많이 하는 선호도 조사로는 "당신은 이 공원에서 어느 장소를 제일 좋아 하는가"라는 조사가 있겠고, 만족도와 관련해서는 주거 만족도 조사가 많이 사용됩니다. 향후 새로운 유형의 주거단지를 만들 때 타운하우스로 해야 할지 아니면 연립주택이나 다가구주택으로 해야 할지 시장조사를 하기 위해 "현재 어디서 언제부터 살고 있는가? 현재 사는 동네나 단지가 만족스러운가?" 등등을 물어볼수 있고 그 결과에 따라 합리적으로 주거 유형을 결정할 수 있겠죠. 현재 여러 주거 환경에 사는 사람한테 물어볼 수도 있습니다. "당신은 지금 살고 있는 주거 환경에 만족하느냐"구요. 이를 통해 응답자들의 주거 환경 만족 정도를 알 수 있습니다. 만약 응답자가 100점 만점에 60점을 주었다고 한다면 어디에 만족하고 어디에 불만족하는지를 물어볼수도 있겠죠. 만족도를 떨어뜨리는 요인을 찾아서 개선해 줄 수 있습니다. 아주 쓸모가 있습니다.

예를 들어 '이용 후 이용 평가POE; Post Occupancy Evaluation'라는게 있습니다. 공원을 새로 만들어 놨는데 사람들이 만족하는지, 안하는지, 어느 장소에 만족하지 않는지, 어디가 불편하다고 생각하는지 같은 내용을 표준 설문지로 만들어서 이용자들의 피드백을 얻으면 설계자가 당초의 계획 의도대로 공원이 이용되고 있는지 아닌지를 알 수 있습니다. 나이, 성별, 연령, 이동 거리, 방문 시기, 체류 기간 등에 따른 이용자들의 태도나 요구를 추이해 볼 수도 있습니다.

선호도나 만족도 조사는 물리적 환경 여건에 대한 개개인의 선호를 파악하는 수단으로 단순하게 쓰일 수 있지만 사회적 변수가 복잡하게 얽혀 있습니다. 예컨대 나는 집이 작고 초라하지만 가정이 화목하기 때문에 주거 환경에 만족한다고 할 수도 있습니다. 혹은 나는 이웃과 친하기 때문에 만족한다고 할 수도 있고요. 상관관계가 단선적이지 않아요. 염두에 두어야 합니다.

이미지

이미지는 환경심리학에서 중요하게 다루어져야 할 개념으로 시각적 사고visual thinking와 관련이 있습니다. 여러분들이 학교에 오기까지의 길을 떠올려 보면, 어느 버스를 타고, 어디를 걸어서, 누구를 만났는지, 전체 과정이 일련의 연속적 이미지로 기억된다는 것을 알 수 있습니다. 그런데 그 이미지는 앞서 말한 대로 주관적인 현실을 지각하여 생겨난 자국으로, 객관적인 세계, 사실과는 차이가 있을 수 있습니다. 이 차이가 크면 클수록 나와 환경의 관련성, 친밀도는 멀어지고, 극단적인 경우에는 정체성에 혼란을 느끼기도 합니다. 그럼 우리의 지각, 인지 과정에서 매우 중요한 이미지에 대해 좀 더 알아봅시다. 이미지는 시간, 공간, 관례, 가치, 상상 이미지 등이 있습니다.

• 공간 이미지

공간 이미지spatial image란 간단히 설명하자면 '내가 대한민국 지도, 세계 지도에서 어디 있는지 안다', '지구가 여덟 개 행성 중에 몇 번째 있는지 안다', '태양이 우주에 어디에 있는지 안다', '내가 사는 동네나 그 동네에서 우리 집이 어디인지 안다', 이렇게 공간적 관계나 정보를 시각화하는 것입니다. 그런데 이 공간적 이미지는 지각 인지 과정에 기인한 것이므로 실제하고 다릅니다. 우리나라 옛날 지도를 보면 현대적 지도에서는 볼 수 없는 특별한 시대적, 역사적 정보가 이미지화 되어 있죠. 이렇게 공간적 이미지는 시대적으로나 역사적으로 다 다릅니다.

공간 이미지 중에 우리 눈에 보이는 환경에 관한 이미지를 환경 이미지라고 합니다. 케빈 린치는 『Image of the City』라는 책을 통해서 환경 이미지에 대한 실증적 연구를 했습니다. 사람들에게 지도를 보지 말고 '당신이 살고 있는 동네'를 그려보라고 하면 사람들은 자신의 기억 속에 남아있는 도시, 건물, 학교, 고궁, 마을을 인지된 이미지로 그립니다. 이것을 '인지 지도cognitive mapping 그리기'라고 하죠. 환경 설계에 많이 활용되는 기법입니다.

옛날에는 지구가 평평하다고 생각했습니다. 태양이 동쪽에서 떠서 서쪽으로 지니, 우리가 사는 땅, 지구가 중심이고 태양이 지구 주변을 돈다고 믿었겠죠. 그런데 코페르니쿠스가 지동설을 주창하며 인류 역사의 한 장을 열었습니다. 또 이탈리아 천문학자인 갈릴레오 갈릴레이는 지구, 인류가 사는 행성이 자기 스스로 돈다고 했고, 크리스토퍼 콜럼버스는 이 지구가 둥글다는 가설을 증명하기 위해 바다를 한 바퀴 돌아 결국은 제자리로 돌아왔습니다. 그 때 콜럼버스가 아메리카 대륙을 발견했는데 인도인줄 알고 인디아라는 이름을 붙여서 아메리칸 인디언이 된 거죠. 중국인들 역시 하늘은 원의 모양이고 지구는 네모나다고 했습니다. 이를 천원지방天圓地方이라고 합니다.

• 시간 이미지

시간 이미지란 무엇일까요? 영어로는 'temporal image'라고 합니다. 예컨대, 하루 24시간은 누구에게나 절대적으로 같은 시간 개념이지요. 그러나 시간은 절대적이지 않습니다. 배고프고 추울 때 버스를 기다리는 그 시간은 아주 길고 느리게 갑니다. 반대로 사랑하는 사람과 만나서 손잡고 가는 시간은 짧게 느껴지고요.

서구적 사고 체계에서 시간 개념은 선형적linear입니다. 사람이 태어나 한 방향으로 흐르는 시간에 따라 살다 죽음에 이른다고 생각하죠. 그러니까 항상 발전의 개념이 있죠. 반면 동양 문화권 사람들의 개념은 순환적입니다. 이미지로 표현하자면 동그랗게 도는 모양이죠. 불교에서는 환생 개념이 있어요.

• 가치 이미지 / 감정 이미지

이와 유사하게 가치나 감정 이미지라는 것도 있어요. 가치 이미지는 자기가 가지고 있는 모든 경험과 정보 또는 지식을 좋고 나쁜 순서에 따라, 혹은 어떤 질서에 따라 재구성하는 겁니다. 감정 이미지는 감정적인 것을 이미지화하는 것이겠죠. 흔히 사용하는 이모티콘을 예로 들 수 있어요.

• 상상 이미지

마지막으로 상상 이미지라는 것도 있습니다. 상상 이미지는 문학과 예술, 음악에 많이 쓰이는 메타포나 공감각적·은유적 이미지로 볼 수 있습니다. 사람이 동물과 가장 다른 특징 중 하나는 무한한 상상력을 가진 고등동물이라는 거죠. 상상의 이미지가 많이 발달된 사람일수록 시나 그림이나 음악을 잘 하겠죠. 소설도 잘 쓰겠지요. 자신의 체험만으로는 소설이 되지 않을 거예요. 상상력을 동원해서 잘 엮어야겠죠.

환경 행태론

행태와 환경 인자

그럼 환경 행태는 지각 인지와 어떻게 다를까요? 행태와 관련된 용어로는 동작action, 動作, 행위activity, 行爲, 행태behavior, 行態가 있습니다. 가령 축구공이 앞에 있고 내가 발로 찼습니다. '동작'입니다. 의미가 없죠. 그런데 열한 명 씩 편을 먹고 골대를 놓고서 공을 뺏어가면서 차게 되면 축구가 되죠. '행위'입니다. 찬다는 동작이 모여 열한 명이 뛰는 축구라는 스포츠가 되고 그것이 한일 정기 시합이 되든지, K리그가 된다면 스포츠 '행태'라고 할 수 있습니다.

행태는 복합적이고 반복적이므로 의미를 갖게 됩니다. 인간의 행태에는 개인적 행태가 있고 사회적 행태가 있습니다. 개인적 행태는 관찰이 안 되는 것부터 관찰이 되는 것까지, 여러 가지입니다. 눈을 깜박깜박하는 행태는 관찰이 잘 안 되지만, 길에서 넘어지거나 뛰는 행태는 눈에 잘 띕니다. 사회적 행태는 여러 단계의 사회 조직 속에서 일어나는 행태입니다. 여러분처럼 모여서 내 강의를 듣는 것은 학교라는 사회적 조직 속에서 일어나는 행태겠죠. 마을이라는 사회 조직 속에서 일어나는 행태도 있을 것이고요.

다음으로 이러한 행태에 영향을 주는 것들을 살펴봅시다. 행태 behavior를 일종의 종속변수로 보고, 사람person과 환경environment의 상호작용을 독립변수로 상정해서 이를 함수관계로 표시해 볼 수 있습니다. 'B=f(P · E)'입니다. B는 'behavior'이고, P는 'person'입니다. E는 'environment'입니다. 환경은 외부 변수이고 개인의 특성은 내부 변수입니다. 내가 퇴근해서 차를 몰고 집에 갑니다. 날이 어두우니 헤드라이트를 켜야죠. 신호등이 붉은 색이면 차를 세워야죠. 외부적 조건이 내 행태에 영향을 주는 겁니다.

내부적 변수에는 두 가지가 있어요. 하나는 생리적 변수고 다른 하나는 심리적 변수입니다. 생리적 변수는 생리적 필요physiological necessity나 욕구가 행태에 영향을 준다는 말입니다. 피곤하면 자야하고 배고프니까 먹어야 하죠. 생존과 직결되어 일어나는 행태가 이에 해당합니다. 심리적 변수는 생존을 넘어선 심리적 요구 조건psychological needs을 말합니다. 우리가 빵만으로는 살 수 없다고 이야기 합니다. 먹고 자는 문제가 해결된다고 사람이 산다고 할 수 없습니다. 심리적 욕구도 만족시켜야 삽니다.

B=f(P · E)를 여가 행태와 관련해서도 볼 수 있어요. 예를 들어, 여가 활동이 패턴을 이루면 여가 행태라고 합니다. 스키를 탄다든지, 테니스를 한다든지, 산책을 하든지, 제주도 올레길을 걷든지, 그런 개개인의 선택에 영향을 주는 환경적 요인으로는 주 5일 근무로 인한 직장인의 여가 시간 증대, 소득 증대, 교통의 발달 등이 있습니다. 이러한 환경 인자 이외 개인 인자도 있겠죠. 교육 수준이 높을수록 즉 정신노동을 많이 하는 전문직일수록 다양한 여가 생활에 대한 욕구가 커진다는 분석도 있습니다. 즐거움에 대한 태도 변화도 요인이 되는 거죠.

서울 종묘 대제 행사.
사회적 행태는 사람들의 사회문화적 특성, 관습 등에 따라 현저한 차이를 보인다.

영국 바스(Bath) 퍼레이드(Parade) 공원.
정오에 브라스밴드가 연주하는 음악을 들으며 휴식을 취하는 시민들의 정경이다.

인간의 기본 요구, 매슬로의 피라미드

에이브러햄 매슬로Abraham Maslow라는 사회심리학자는 인간의 다양한 심리적 욕구 중에 기본적으로 필요한 욕구를 다섯 가지로 분류해서 피라미드로 표현했습니다. 우선 가장 기본적인 것이 생리적 욕구입니다. 가장 아래에 있죠. 그 다음으로 중요한 게 안전에 관한 욕구, 그 다음은 사회적 욕구, 소속감입니다. 그 다음으로 미적 욕구, 마지막은 자기표현 혹은 자기실현 욕구입니다.

　우선 안정화 욕구sterilizing needs or safety needs부터 말해보겠습니다. 신체적 안전은 강도, 폭행, 성폭행 같은 외부의 위험으로부터 안전하게 보호받는 환경의 필요를 말합니다. 물리적 신체적 안전에 대한 욕구는 주거 만족도를 높이는 가장 중요한 요소 중의 하나입니다. 정서적 안정도 안정화 욕구의 하나죠.

다음은 사회적 욕구social needs입니다, 사람이 사람을 만나고 싶어하는 욕구나 어디에 속하려는 욕구입니다. 인간은 사회적 동물로서, 어딘가에 소속되는 것을 좋아합니다. 이를 귀속감sense of belong 또는 소속감affiliation이라고 합니다. 이 욕구가 충족되지 못할 때 왕따도 생기고 사회적 관계도 불안해집니다. 그래서 이런 사회적 욕구를 충족시킬 수 있는 장소를 도시 공간에 많이, 다양한 방식으로 만들어야 합니다. 그런데 문화와 시대에 따라 이용자의 행태가 다릅니다. 예컨대 그리스 사람들은 바깥에서 만나는 것을 좋아합니다. 날씨가 따뜻하니까요. 북극 사람들은 집이나 실내가 사회적 장소가 되겠죠. 우리가 젊었을 때에는 다방에서 만났지만, 요즘은 커피숍에서 만나죠.

세 번째는 자기표현 욕구self-expression needs로 인간의 기본 욕구로 볼 수 있는데, 인간은 언어를 통해서, 또는 소비를 통해서, 또는 글을 쓰거나 하는 창작 활동을 통해, 자기표현의 욕구를 충족시키고 싶어합니다. 자동차나 아파트도 자기표현 또는 과시를 위해 쓰이기도 합니다.

네 번째는 미적 욕구aesthetic needs입니다. 미적 욕구란 아름다움을 추구하고 경험하려는 욕구입니다. 사람들은 단풍철에 잠깐 단풍을 즐기려고 장시간 차를 타고 설악산에 가서 단풍을 봅니다. 또 여자건 남자건 자기 집 벽에 무언가를 하나 붙여놓습니다. 꾸미려는 욕구가 있다는 겁니다.

마지막으로 자기실현 욕구actualization needs가 있는데, 이 욕구는 정신적인 성취감, 종교적 해탈의 경지 또는 예술적 승화나 어떤 선험적인 경험 같은 초월적 즐거움과 깨달음을 의미합니다.

사적 공간과 영역성

개인적 행태에 있어서 프라이버시는 매우 중요한 개념입니다. "내 프라이버시를 침해하지 말라"라는 말을 쓰듯이, 우리는 사적 자유 공간을 필요로 합니다. 사람들과 적절하게 접촉할 수 있는 상황으로 볼 수 있습니다. 내가 사람들하고 만나서 얘기하고 싶으면 얘기하고, 사람들하고 떨어져서 혼자 있고 싶으면 혼자 있을 수 있어야 합니다. 프라이버시는 또 그룹 단위로도 적용할 수 있습니다. 내 가족, 피크닉 가서는 나와 함께 하는 그룹 단위에서 프라이버시가 필요하죠. 프라이버시는 배타적일 수 있습니다. 피크닉 가서 내가 속한 그룹을 다른 그룹으로부터 지키려 하죠. 물론 긍정적으로도 작용합니다.

인간이 적절한 접촉 상황을 유지하는 데는 두 가지 특징이 있습니다. 하나는 자신의 몸에 거품을 달고 다니듯이 개인이 갖고 다니는 공간입니다. 버블 스페이스bubble space라고 해요. 새들이 전깃줄에 앉아 있을 때 서로 붙어 앉아 있는 경우는 절대로 없습니다. 꼭 일정한 거리를 두고 떨어져 앉습니다. 사람들도 그렇습니다. 로버트 소머Robert Sommer라는 심리학자가 쓴 『Personal Space』라는 유명한 책이 있는데 사회적 행태와 공공장소에서의 프라이버시를 잘 연구했습니다. 여러분도 기회가 되면 찾아보세요.

개인을 둘러싼 버블 스페이스가 깨지는 경우가 있어요. 지하철 안에서 그렇죠? 지하철 안 같이 밀도가 높은 곳에서는 서로서로 부딪히게 됩니다. 그러면 심리적으로 다른 사람을 사람이 아니라 막대기 같은 사물로 보게 됩니다. 사람을 쳐다보지 않고 멍하니 있거나 먼 산을 바라보죠. 요새는 스마트폰을 주로 보죠. 피하는 겁니다. 버블 스페이스가 깨지는 일이 잦으면 스트레스를 받고 사회적 병리 현상도 나타납니다. 사적 공간personal space은 프라이버시를 유지하는 데 있어서 아주 기본적인 공간 개념입니다.

다음으로 영역성territorial behavior입니다. 영역은 달고 다니는 게 아닙니다. 각자가 자기 영역을 가지고 있습니다. 영역은 본능적입니다. 먹이와 번식 때문에 동물들도 자신들의 영역이 있습니다. 같은 종끼리 있죠. 참새하고 까마귀가 같이 있어도, 까마귀들은 까마귀들끼리 참새들은 참새들끼리 영역을 이룹니다. 영역을 지킬 수 없을 때 사멸합니다. 호랑이는 영역이 몇백 킬로미터로 넓은데 우리나라에서는 지킬 수가 없어요. 그러니까 사멸해 버리는 거죠. 사람들의 영역에 비해 동물의 영역이 더 단단합니다.

전남 담양 죽 시장. 시장 속에서도 홀로 앉아 있는 노인의 모습은
개인적 행태로서 프라이버시의 중요성을 보여준다.

우즈베키스탄 부하라 중심부. 실크로드의 중심인 이 오아시스 도시
한복판 연못가에서 한가하게 차를 마시고 있는 우즈베키스탄 사람들은
공간적으로 우리보다 넓은 영역을 차지하고 있다.

장혜정

Design for Humanity: 이해하고, 느끼고, 보듬는 조경

소개하기: 소외된 인간, 버려진 공간, 비인간적 경관

환경심리 행태 연구의 필요성이 본격적으로 대두된 1960년대는 정치, 사회 전반에 걸쳐 큰 변화와 성장의 시기였다. 세계대전과 경제공황 이후 미국은 인프라 확충과 신도시 개발로 고도의 경제성장을 이루고 있었고, 하루가 멀다하고 스타 건축가들과 젊은 자본가들의 혁신적 선언이 쏟아져 나와 모더니즘 건축의 르네상스 시대를 맞이하고 있었다. 이때 도시 환경과 인간 행태에 관한 인식을 바꾸는 중요한 사건이 일어난다. 미주리Missouri 주의 세인트 루이스St. Louis 시가 야심적으로 착수하여 1954년에 완공한 프루잇 아이고 프로젝트Pruitt-Igoe project라는 도시 공공주택 사업이었다. 이 사업은 지저분한 골목길과 버려진 땅에서 비위생적으로 살던 가난한 노동자들에게 저렴하고 위생적인 주거 공간을 제공하여 슬럼화된 도시를 재개발하겠다는 공익적 취지로 출발했다. 당시 열악한 도시 환경은 생산 활동의 주체인 노동자들에게는 단지 일터였을 뿐 일상생활의 터전이 되지는 못했기에, 프루잇 아이고는 가난한 도시민들에게 신분 상승의 착시 효과를 주는 꿈과 평등의 공간이기도 하였다. 그러나 10년이 채 지나지 않아, 프루잇 아이고 단지는 거주민의 70% 이상이 떠나면서 폐허와 공포, 범죄의 온상지로 전락하였고, 결국 연방정부는 주정부와 함께 1972년 폭파 해체를 결심하기에 이른다.[1]

텔레비젼으로 실시간 자신들의 꿈의 공간이 일시에 힘없이 무너지는 장면을 목격한 미국인들은 정신적으로 큰 충격을 받았다. 실패의 원인은 어디에 있는가? 무엇이 공공 주거 환경의 질을 훼손했는가? 도시 엘리트들과 전문가들은 입을 모아, 공공 주거 정책의 부재, 재정적 한계, 사후 관리 문제, 그리고 인종, 계층, 빈부 갈등과 같은 사회 구조적 문제를 원인으로 지적했다. 이와 대조적으로 일반 대중들과 거주민들은 자기들만의 언어로 소통하는 모더니스트 건축가들의 아집과 무지의 결과라며 조롱하였다. 당시 프로젝트에 참여한 건축가 미노루 야마사키Minoru Yamasaki는 입주민들(당시 블루컬러 흑인 노동자들)을 가리켜, 그들이 그렇게 파괴적일줄 몰랐다며 통탄했다고 한다(야마사키는 맨해튼의 세계무역센터를 설계하여 비운의 건축가로 불린다). 프루잇 아이고 공공주택의 실패는 도시 프로젝트에서 배제되어 왔던 인간, 인간성의 위기와 상실, 도시 환경의 질에 관한 다양한 토론과 반성을 촉발시킨 계기가 되었다.

도시 재개발urban renewal은 도시 경관을 비인간적으로 바꾸어 놓았다. 계획가들은 합리적 신념에 따라, 기능적 편익과 효율적 관리를 위해 공간을 구획 분리시키기에 여념이 없었고, 건축가들은 스카이스크래퍼skyscraper와 박스형 웨어하우스warehouse 스타일로 도시 경관을 대담하게 채우고 있었다. 이런 가운데 무분별한 도시화를 통렬히 고

---

1. Colin Marshall, "Pruitt-Igoe: The Troubled High-Rise that Came to Define Urban America," *The Guardian*, 2015, April 22. https://www.theguardian.com/cities/2015/apr/22/pruitt-igoe-high-rise-urban-america-history-cities.

장혜정 – Design for Humanity: 이해하고, 느끼고, 보듬는 조경   237

발하고 도시의 일상성과 역사성을 회복하자고 외치는 사람들이 있었다. 제인 제이콥스Jane Jacobs나 윌리엄 화이트William H. Whyte 같은 환경 저널리스트들은 날카로운 펜으로 인간과 사회, 조직과 공간의 역동성을 관찰하고 죽어가는 도시의 심장부와 모퉁이, 버려진 옛 동네나 골목의 구석구석에 스며있는 일상을 집요하게 묘사하기 시작했다. 당시 센세이션을 일으키며 베스트 셀러가 되었던 제이콥스의『The Death and Life of Great American Cities』[2]와 화이트의『Social Life of Small Urban Spaces』[3]는 현재까지도 조경, 도시설계를 공부하고자 하는 사람들의 필독서다. 화이트는 그의 첫 번째 베스트셀러인『The Organization Man』[4]에서 기능 우선주의적 건축의 레이아웃이 지배하는 도시 형태가 가족과 이웃간의 유대감을 상실하게 하고 개인과 조직의 정체성의 위기마저 초래했다며, 웨어하우스 전문가로 변한 바우하우스 건축가 및 도심을 도외시하는 미국 중산층들의 비인간적 행태를 신랄하게 꼬집었다. 1980년에 출간된『Social Life of Small Urban Spaces』에서 그는 공간의 사회성에 각별히 주목하며 도시 경관의 휴먼스케일을 복구할 수 있는 실질적 조경 개선 방안을 제시하였다. 도심의 자투리 공간에서 일어나는 다양한 일상과 예측불허한 인간 행태를 연속 사진, 비디오, 비쥬얼 노트 등 실증적이고 창의적인 방법으로 관찰 기록을 남기고 그를 토대로 건축, 조경가, 계획가들이 고려해야 할 공간 구성, 설계 방법, 스케일과 디테일을 전문가보다 더 전문적이면서도 알기 쉬운 언어로 기술하였다. 이렇게 환경심리 행태 연구는 인간과 인간의 소통이 단절되는 사회적 환경, 인간성을 위협하는 여건들에 대한 대중적 교감과 이에 대한 문제의식을 통감한 환경 저널리

2. Jane Jacobs, *The Death and Life of Great American Cities* , New York: Random House, 1961.
3. William H. Whyte, *The Social Life of Small Urban Spaces*, New York: Project for Public Spaces, 1980.
4. Whyte, *The Organization Man*, New York: Simon & Schuster, 1956.

스트들의 비판적 대안으로서 출발했다는 사실을 주목해야 한다.

이해하기: 예측의 객관성, 소통의 상호주관성, 가치의 공공성

인간다운 삶을 위한 질문과 성찰은 환경심리 행태 연구뿐만 아니라 조경의 접근 방식에 몇 가지 중요한 영향을 미쳤다. 첫째, 리서치research가 조경 설계 과정에 중요한 근거이자 증거로 인식되기 시작했다. 설계가의 주관적 직관이나 일부 엘리트들의 기호나 만족에 목표를 두지 않고, 불특정 다수(대중 또는 이용자들)의 요구와 만족에 영향을 주는 환경적 요인들을 분석하는 데 중점을 두게 된 것이다. 이러한 환경 요인들의 실증적인 인과관계 또는 객관적인 상관관계를 통해 설계의 타당성을 입증하거나 공공의 합의를 도출하기 위한 근거로 삼았다. 이같은 논리 방식은 이미 인지심리학, 문화인류학, 사회과학 또는 동물행태학 등의 분야에서 널리 사용되어 왔던 과학적이고 실증적 접근 방법이었지만, 인문·사회·역사적 맥락이 중요한 조경 설계 과정에서, 특히 엘리트 의식과 건축물에 대한 저작권 의식이 강한 일부 건축가들에게는 그다지 선호되지 않는 접근 방식이었다. 물론, 인간의 선택과 행동을 결정하는 환경적 원인들은 매우 복잡하여, 동물 실험과 같이 자극-반응stimulus-response의 인과관계로만 파악할 수는 없다. 사람들의 요구, 기대, 선호도, 행복, 가치관은 사회적, 문화적, 역사적 발달 단계와 더불어 오랜 시간에 걸쳐 형성된 것이므로 물리적 환경 요소들간의 상관성보다 지역 특성, 역사, 자연, 문화, 법제도적 여건, 교통, 경제 등의 현장 여건 간의 유사성을 종합적으로 비교 분석하여 예측하는 것이 더 효과적으로 과학적 신뢰도를 높일 수도 있다. 사례 연구는 이런 실증적 연구 방법의 한계를 보완해 줄 대안으로, 대도시같이 인구가 밀집하고, 물리적 조건이 계측이나 통제가 어려운 환경에서 주로 적용된다. 환경 행태 연구에 자주 활용되는 이용 후 평가POE; Post Occupancy Evaluation는 그런 의미에서 일종의 사례 연구로 볼 수 있다. 사후 현장 검증과도 같이, 시공 및 이용 후에 각각의 조경 공간이 설계가의 가정과 예측대로 실제 이용되는지, 물리적 여건의 전후 상황과 시간적 변화에 의한 이용자의 행태와 선호도 변화에 관한 즉각적인 피드백을 얻을 수 있기 때문에, 인과적 관계뿐만 아니라 복합적이고 맥락적인 여건을 비교 분석할 수 있다. 최근에는 사례 연구, 경관영향평가, 비용편익분석 등 과거에 유용했던 분석 계측 모델을 통합 시스템화한 경관 수행 평가landscape performance[5]가 도입되어 프로젝트의 환경적, 경제적, 사회적 영향을 계량화하고 있는데, 이러한 분석적 연구 방법의 목표는 ①연구와 설계 간의 이론적 실무적 간극을 좁히면서 실증적 관련성을 높이며, ②사례, 전례, 판례를 통한 공간 설계와 이용 패턴의 사회적, 경제적, 환경적 용인 기준을 마련하여, ③문제 해결 과정의 객관적 예측과 성과를 향상시키는 데 있다.

둘째, 조경을 사회적 소통의 (촉)매개로 보게 되었다는 점이다. 전통적 심리행태학에서는 인간과 환경과의 물리적, 유형적 관계를 주로 다루었다. 여기서 소통은 주체(인간)와 객체(환경)간의 자극과 반응 관계이자, 인간이 일방적으로 정보를 수집하고 프로세싱하는 과정을 의미했다. 설문조사에 의존한 환경 예측 모델은 특정 집단이나 이용자 그룹의 규칙적인 이용 패턴을 읽어내는 데에는 유용할 수 있어도 불특정 다수의 다양한 공간적 요구와 이용 특성, 기호의 변화, 미적 감수성을 효과적으로 설계에 반영하는 데에 한계가 있을 수 있다. 하지만 설계자와

---

5. "Landscape Performance Series" by the Landscape Architecture Foundation(LAF), www.landscapeperformance.org 참조

이용자를 주체와 객체 관계가 아닌, 1인칭과 2인칭의 주체간의 인간적이고 능동적인 각도로 보게 된다면, 조경 공간 요소들은 이용자와 설계자뿐만 아니라 모든 사람들의 소통을 가능하게 하는 매개가 된다. 여기서 조경 공간은 각기 따로 노는 요소들의 집합체가 아니라, 인간 행동의 동기를 유발하는 단서나 장치들이 연쇄적, 유기적, 공간적 시나리오 속에서 펼쳐지는 상황으로 이해되며, 설계자는 그 시나리오를 시공간의 상황 속에 재현하는 연출자로 역할하게 된다. 프랭크 로이드 라이트 Frank Lloyd Wright의 작품을 살펴보면 이러한 소통의 의미는 명확해진다. 그의 건축은 주변 환경과 무관한 채, 독립적으로 서있는 어떤 물리적·물질적 오브제가 아니라, 마치 자연의 일부처럼 느껴질 수 있도록 자연 현상까지 그 건물 일부로 빨아들인다. 빛, 그림자, 하늘, 지평선, 바람, 나무, 물, 소리 등 보이지 않는 개념이나 존재까지도 공간 구석구석에 심어져·숨겨져 있어, 이용자가 직접 보고 듣고 만지고, 몸을 움직여 걸으며 샅샅이 둘러볼 때만 그 정체가 하나씩 드러나도록 장치한 듯한, 어떤 연극적 효과를 통해 그것들의 존재감이 극대화된다. 물질적 재료나 건축적 디테일은 음악적인 조율과 배치를 통해, 또는 시각적 대조를 통해서 그 필연성과 상호의존성을 이용자에게 설득시킨다. 라이트의 건축이 문화적·지리적 경계를 넘어 감동을 주는 이유가 여기에 있다.

개인의 경험은 공유될수록 다양성과 활력을 얻게 된다. 설계가가 경험하고 연출한 공간이 많은 사람들의 자발적 참여와 공감을 일으킬 때 그 공간은 새로운 의미를 가진 장소로 거듭난다. 이렇게 개개인의 고유한 주관적 경험이 공감을 거치며, 사회적으로 확대 또는 재발견되는 심리적 유대 관계를 현상학에서는 상호주관성intersubjectivity이라 한다. 설계가가 주관적 경험을 바탕으로 이용자의 보편적 욕구나 경험을 공간 장치를 통해 충족시킬 때 사회적 소통을 이루는 과정에서 인간 행태의 보편적 규칙성을 찾을 수 있다는 것이다. 이것은 예술가가 작품

프랭크 로이드 라이트의 켄턱 넙(Kentuck Knob, 왼쪽 위, 오른쪽 위)과
낙수장(Falling Water, 왼쪽 아래, 오른쪽 중간과 아래)

을 통해 대중과 소통하는 것과 같은 개념이다. 작곡가의 곡이 악기를
통해 연주될 때, 작가의 경험과 상상력이 소설이나 수필로 읽힐 때, 그
작품이 새로운 대중적 생명력을 부여받는 것과 같은 현상이다. 이해와
소통의 매개가 되는 조경은 사회적 모멘텀과 가치를 중시하고 참여를
독려한다. 그리고 이런 순간들이 인간과 환경의 모습, 형태, 현상, 가치
를 변화·변환trans-formation시킨다. 현상학에서 "초월한다transcend"는
표현을 자주 쓰는데, 이것은 설계가가 이용자와의 직간접 대화를 넘어

작품이란 매개를 통해 깊이 있게 소통할 때 역동적 시너지가 생기며, 공간은 본래의 역할과 의미 이상의 부가가치를 창출하게 된다는 뜻이다. 상호주관성과 경험의 영역은 1인칭 경험과 관찰에 기반하므로 때로는 공간의 객관적 타당성을 증명하기 어렵다는 이유로 전통적 행태 연구에서 다소 배제된 측면도 있지만, 따지고 보면 특정 경험으로부터 보편타당성을 이끌어낸다는 점에서 귀납적이고 실험적 연구 방법이라 할 수 있다.

　셋째는 인간의 정체성과 경관의 공공성에 대한 성찰이다. 매일 습관적으로 받아들이고 소화해내야 하는 무수한 환경 정보는 인간의 두뇌와 감각, 지각, 인지 능력으로는 프로세싱에 한계가 있기 때문에 어떤 경제적인 메커니즘을 따라 정보를 모으로 거르고 합성한다. 시각은 다른 감각 기관들에 비해 더 방대하고 복잡한 환경 정보를 흡수해야 하므로, 효과적인 정보 처리를 위해 정보를 이미지화한다. 이렇게 축약된 이미지들은 관찰자observer의 렌즈로 찍어낸 피사체the observed 같은 고정된 시각 정보가 아니라, 참여자로서의 관찰자가 과거에 저장된 기억을 끌어내고 현재 지각된 정보를 다시 감정, 판단 그리고 상상력의 필터를 거쳐 합성 또는 함축synthetic시키면서 엮어내는 시간적·공간적 이미지들을 말한다. 케빈 린치Kevin Lynch는 『The Image of the City』에서 이러한 인간의 처리 능력을 이미지 능력imageability이라 하였는데,[6] 전통적 심리학 이론인 케쉬탈트gestalt principles[7]를 도시 경험의 공간 구조와 정체성, 가시성, 식별성에 적용하여 만든 이론이다. 여기서 경험이란 이용자가 선택, 중첩·합성된 이미지를 연속된 사건들을 선택적으로 연출하여 엮어내는, 의식적이자 무의식적이며 능동적인 창

6. Kevin Lynch, *The Image of the City*, Cambridge, MA: MIT Press, 1960, p.109.
7. Wolfgang Köhler, *Gestalt Psychology: An Introduction to New Concepts in Modern Psychology*, New York: Liveright Publishing, 1947.

작 과정이라 할 수 있다. 린치가 제안한 다섯 가지 도시 경험 요소edge, landmark, node, district, path는 도시 분석 기법으로 많은 도시에 열렬히 활용되어 왔다. 미국 로스앤젤레스, 보스턴, 저지시티Jersey City의 세 개 도시 사례들로부터 나온 이론임에도 불구하고 도시 형태의 물리적 형태와 상호주관적 소통의 기능 둘 다를 함축하고 있어, 실제 도시 공간의 적용에 매우 유효했기 때문이다. 예를 들어 "path"는 단순히 물리적인 통로street, road를 의미할 수도 있지만, 삶의 방식way 또는 어떤 방향성을 가진 선적인 경로로서, 골목길, 거리, 산책로, 등산로, 자전거 도로, 보행로, 생태통로, 순환도로 등 도시 생활에 지속가능한 소통 행위, 순환하는 삶을 영위하는 데 필요한 실체적 공간들로 이용되고 해석될 수 있다. 즉, 인간의 공통된 경험이라는 보편적 틀과 기준 속에서, 다양한 문화 행태나 활동이 지역적 특수성에 맞게 다시 진화·분화되는 과정 속에서 새로운 조경, 경험의 언어가 탄생되기도 한다. "눈에 보이지 않는 작고 하찮은 의미들이 장소를 풍부하게 한다Richness of place has invisible and marginal meanings"[8]는 린치의 말처럼, 공간의 정체성은 보편적 환경의 인지 가능한 틀안에서, 다양한 사람들이 만드는 풍요로운 이야기와 활동으로 만들어진다.

따라서, 공간의 정체성은 곧 공간의 공공성과 깊게 관련한다. 린치는 "좋은" 도시를 만들기 위한 설계가의 도덕적 책무를 이렇게 말한다.[9] 좋은 도시란 ①개인의 생존 환경이 보장되고 활력이 넘치는 곳, ②시간적 공간적 연대와 공감이 증대될 수 있는 곳, ③주변 환경에 적절한 조화를 이루고 공동체의 요구와 행태에 부합하여 개인의 성장과 발전을 도모할 수 있는 곳, ④연계성과 접근성이 용이하고, ⑤투명하고

---

8. Kevin Lynch, *The Image of the City*, p.139.
9. Kevin Lynch, *Good City Form*, Cambridge, MA: MIT Press, 1981.

효율적 통제가 가능하고 정의롭고 공평한 곳. 이런 조건들이 하나씩 갖추어 질 때, 물리적 형태로서의 공간은 비로소 실존적 장소로서의 정체성과 공공성을 획득하게 된다는 것이다. 환경은 인간의 감각기관을 통해 지각되고 인지되고 개념화되고 판단되기까지는 그저 추상명사에 불과하다. 인간의 경험과 삶을 거쳐야 사물과 현상은 구체적인 존재감과 가치를 얻는다. 이런 의미에서, 조경설계란 인간 자신의 존재 의미와 사회적 역할을 묻는 것일 수도 있고, 보이지 않지만 존재하는 것을 발견하여 새로운 가치를 부여해주는 일이라 할 수 있다. 존 듀이John Dewey가 말한대로, "지각되는 모든 것은 가치를 지니고 있기 때문이다 What is perceived is charged with value."[10] 그것이 작고 하찮게 보일지라도 말이다.

느끼기: 공감(각), 연민, 치유

문화지리학자 이푸 투안Yi-Fu Tuan[11]은 린치의 이론에 의미있는 통찰을 덧붙인다. 이미지 능력은 사회 계층별, 성별, 소득 수준, 특히 이동 수단mobility에 따라 다른데, 여성과 가난한 사람들이 환경과 이웃에 더 공감과 연민을 느끼며, 이들이 실제로 도시 공간을 더욱 풍부하게 한다고 했다. 『Townscape』의 저자인 고든 컬린Gorden Cullen[12]은 공간의 정체성은 우리가 이것저것 여기저기들을 경험하며 발견하게 되는 자신과 공동체에 대한 깨달음이니, 마을과 도시에 대한 설계를 하려면 책상머리에서 추상적인 선긋기를 중단하고, 사람들을 직접 만나되 민

10. John Dewey, *Art as Experience*, New York: A Perigee Book, 1934, p.256.
11. Yi-Fu Tuan, *Topophilia*, New York: Columbia University Press, 1974, p.205.
12. Gordon Cullen, *The Conscise Townscape*, London: Van Nostrand Reinhold Company, 1971, pp.12-16.

주적인 절차나 방식에 집착하기보다 정서적으로 접근하라고 충고한다. 환경행태학자이자 『Personal Space』의 저자인 로버트 소머Robert Sommer도 이렇게 말한다.[13] 행태 연구의 궁극적 목표는 우리가 어떤 환경을 원하느냐를 알기 위함이 아니라, 우리가 어떤 인간이 되고 싶은가에 있다고. 이제는 이용자의 기호와 요구에 맞추어 분석되는 환경이 아니라, 인간을 변화·성장시킬 수 있는 능동적 주체로서 환경을 이해해야할 때다. 환경 예술 작품으로서의 건축과 조경은 공동체에 대한 소속감과 역사적 감수성을 길러주고, 타인의 삶에 공감하면서 건강한 환경에 대한 상상력을 발휘하고 실현할 수 있게 도와주는 가장 영향력있는 매체이기 때문이다.

　　1960년대까지만 해도 인지심리학은 공감과 연민과 관련된 심리적 상태, 즉 기분mood, 감정emotion, 느낌feeling의 영역을 단지 의식 영역 내에서 일어나는 현상으로 보고, 정보 처리 과정에서 파생된 어떤 심리적 부산물 정도로만 간주하였다. 1970년대에 이르러서야 환경미학과 함께 진화심리학과 바이오필리아biophillia 등의 이론들이 소개되면서 비로소 인간의 미적 판단, 공간 선호도는 환경무의식, 생존본능, 감정, 상상력, 애정, 가치관 등에 의해 영향을 받는다는 연구들이 나오기 시작했다. 로버트 쟈이언스Robert Zajonc와 캐롤 이쟈드Carolle Izard가 대표적 학자들인데, 이들은 환경에 대한 전반적 "느낌"을 어펙트affect라 명명하고,[14] 이것은 환경에 대한 정서적 반응으로서 연민, 애정, 동정심과 관련한다고 보았다. 쟈이언스는 어펙트란 시각뿐만 아니라 촉각, 후각, 청각, 신체, 피부 등이 동시적으로 흡수하는 어떤 총체

---

13. Robert Sommer, *Personal Space: The Behavioral Basis of Design*, Englewood Cliffs: Prentice-Hall, 1969.
14. Carolle Izard, Jerome Kagan, and Robert Zajonc, *Emotions, Cognition, and Behavior*, Cambridge: Cambridge University Press, 1984.

적 분위기ambiance를 말하며, 이 공간적 (공)감각은 때로는 합리적이고 이성적인 판단보다, 환경을 더욱더 예리하고 정확하게 파악한다고 하였다.[15] 특히 어떤 장소의 선호는 마치 어린아이나 야생동물이 특정 낯선 환경에 본능적으로 좋다 싫다로 반응하듯, 즉각적이고 감각적인 판단을 동반한 정서적 반응이라 주장했다.[16]

　　행태학자이자 현상학자인 윌리엄 이틀슨William Ittelson[17]은 환경은 어떤 물리적 자극stimuli들로 이루어진 것이 아니라 능동적·연속적 감각을 가진 모든 존재들이 함께 생존을 위해 "참여하는 과정"이라 정의한다. 이용자와 설계자 그리고 환경을 구성하는 나무나 돌, 꽃들도 모두 능동적으로 삶의 과정에 참여하며, 이 과정을 지각, 인지, 경험하는 것 그 자체가 환경임을 강조한다. 인간의 정서 환경의 유기적 맥락을 이해하기 위해서는, 휴머니스트 심리학자인 에이브러햄 매슬로Abraham Maslow[18]가 주창한 인간의 욕구 피라미드 이론을 조금 다른 각도(측면이 아닌 평면, 수직이 아닌 수평적 구도)에서 살펴볼 필요가 있다. 그의 피라미드를 단선적으로 이해하면, 인간 욕구의 수직적 위계나 경중의 순서를 의미하는 것으로 여길 수 있겠지만, 인간의 자아성찰 욕구와 도덕적 실현에 중요한 정서적 환경 여건을 유기적인 층위layer, 즉 자아를 겹겹이 둘러싼 피부층으로 이해해 보는 것도 좋겠다. 그 피부의 가장 바깥쪽 외피는 ①생리적 생물학적 기본권이 보장되는 안전과 생존의 환경 여건이고, 그 생존 환경을 기반으로, ②인간은 사회적 소속감과 우애를 키우며, 이러한 물리적·환경적·사회적 관계를 통해, ③지적·미학적 욕구를 충족할 수 있으면, ④인간은 자아의 궁극적 중심self을

15. Robert B. Zajonc, "On the Primacy of Affect," *American Psychologists*, 39, no. 2, 1984, pp.117-123.
16. Robert B. Zajonc, "Feeling and Thinking: Preferences Need No Inferences," *American Psychologists*, 35, no. 4, 1980, pp.151-175.
17. William H. Ittelson (Ed.), *Environment and Cognition*, New York: Seminar Press, 1973, p.18.
18. Abraham H. Maslow, *Toward a Psychology of Being*, New York: Van Nostrand Reinhold, 1968.

직시하고 인격적인 성숙을 하게 된다고 이해될 수 있다. 개인과 사회가 지향하는 정신적 목표인 휴매니티, 즉 인간다움, 선, 박애정신은 환경적 필요조건, 사회적 연대와 공감, 지성과 미적 성숙을 통해 도달할 수 있다는 의미다.

개미나 고양이를 의인화한 소설로 유명한 프랑스 작가 베르나르 베르베르Bernard Werber는 동물의 시선으로 바라본 인간의 세계가 가장 객관적일 수 있다고 했다. 뒤집어 말하면, 인간이 동물이나 곤충의 삶을 내 이웃의 삶처럼 이해하고 상상할 수 있을 때, 더 풍부한 환경 정보를 저장하고 활용하게 된다는 뜻이다. 경기도 하남시에 만들어진 나무고아원은 그런 의미에서 감동적인 예가 될 수 있다. 성장이 더디거나 갈곳 없는 나무들을 베거나 버리지 않고, 나무고아원이라는 매우 '인간미' 넘치는 쉼터로 만들어 아이들의 놀이 공간과 함께 운영하고 있는 도시공원이다. 시민들은 의인화된 나무들에게 감정을 이입하고, 나무 한 그루의 가치와 생명의 존엄함을 다시금 되새겨 볼 것이고, 도심 숲을 연민과 공존의 공간으로 연출한 무명의 설계가와 깊이 소통하게 될 것

국회의사당에 설치된 길고양이 급식소

이다. 길에서 태어나 자라는 고양이들의 존재를 알리고 공존의 메시지를 실험적으로 보여주는 길고양이 급식소 또한, 새들의 둥지를 나무에 놓아주고 생태 환경 통로를 만들어 주는 것과 같이, 도시민의 각박한 생활에 작은 여유와 연민을 교환할 수 있는 소박하고 아기자기한 거리의 조경시설물이자 자투리 쉼터로 얼마든지 재생trans-form될 수 있다.

보듬기: 연약하고, 작고, 아름다운 것들에 대한 배려

글로벌 시장경제는 물질적 풍요와 더불어 공간적 수요를 폭발적으로 팽창시켰다. 세계의 도시들은 하이테크 산업 자본의 투자, 투기, 유통 시장으로 빠르게 변모하여 도시는 빈부 격차와 물가 상승으로 인해 사회적 다양성을 잃어가고 있다. 콘크리트 숲속 빼곡히 채워진 고층 아파트들은 사람들을 소외, 분리, 계층화하였고, 생활 공간과 일터간의 물리적 거리가 멀어진 만큼 이웃간의 유대는 빈약해져 간다. 단기적 경제적 이익만을 목표로 한 공간의 분배는 젠트리피케이션gentrification으로 불평등을 부추기며, 소규모 상가와 주택, 전통시장은 가격 경쟁에 밀려 내쫓기고, 투자자와 토지 자본가들을 다시 유입시키는 악순환으로 이어진다. 보행자보다 주차장이 우선하는 도시 주거 계획 또한 과거와 크게 달라지지 않았다. 버려진 공간과 빈땅은 대책없이 방치되거나 개발업자가 사들여 새건물과 주택을 짓고 되팔며 이윤을 취하여 부를 증식하는 한편, 중산층의 가치는 몰락하고 거리에는 홈리스들로 넘쳐난다. 온라인 쇼핑 인구의 폭발적 증가로 대규모 쇼핑몰과 주차장에는 발길이 끊기고, 오염된 폐공장지는 죽어가는 경관, 도시 근교의 흉물이 되어간다. 이제 인간에게 가장 냉혹하고 두려운 권력은 환경이다. 미래 세대를 위한 개혁적 비전이 필요하다. 사회적 취약 계층을 존중하는 공간, 약자를 차별하지 않는 거리, 소수에게도 도시 한켠을 내어줄 수 있는 공동체의 따뜻한 배려가 절실한 시점이다.

　　도시 행태 연구의 선구자인 화이트는 오픈 스페이스의 무제한 확보만이 미래 도시 문제를 해결하는 혁신적 대안이 될 수 있다고 하였다. 그는 1967년『The Last Landscape』[19]에서 도심공원은 "시민들의 권리이자 권력"이라고 일갈하며, 공공 프로젝트의 우선적 과제는 고속도로, 철도, 상하수도, 댐, 쇼핑몰, 우체국과 주차장 위주의 개발이 아니라, 공원과 오픈 스페이스의 가치를 보존하는 것이라 주장했다. 가뭄에 대비에 저수지에 물을 모으듯이, 철도를 놓고 교각을 짓는 토목 엔지니어링처럼, 오픈 스페이스와 녹지를 어떻게 저장하고 연계하고, 효율적으로 배분하느냐가 매우 중대한 정책적 비전이자 미래의 정치적 역량이 되어야 한다는 것이다. 그는 한 걸음 더 나아가, 시장 경쟁 구도에 종속되지 않는 의료, 교육, 문화재나 군수 산업처럼 정부는 오픈 스페이스법을 헌법적 권리와 의무로 제정하여 도시 구조와 인간의 삶을 제도적으로 관리할 것을 주문한다.

　　녹지 경관과 오픈 스페이스를 절대적인 공공 자산으로 특별한 법적 지위를 부여해야 하는 이유는 ① 미래세대를 위한 자유롭고 효율적으로 활용할 수 있는 가용지를 남겨야 하고, ②더 많은 공공서비스 시설을 유치하기 위한 부지를 확보하여야 하며, ③파괴되는 생태 환경을 복구시킬 수 있는 희망의 네트워크가 필요하고, ④인간 이외의 생명체가 생존 번식할 수 있는 마지막 은신처로서, ⑤그렇게 해야만 사람들이 작은 공간의 아름다움에 눈을 뜨고 지속적 관심을 가질 수 있다고 보았다.[20] 그의 비전은 사회 정의와 환경 윤리적 측면에서 시사하는 바가 크

19. Williman H. Whyte, *The Last Landscape*, Garden City, NY: Doubleday, 1967.
20. Williman H. Whyte, *The Last Landscape*, Garden City, NY: Doubleday, 1967, pp.348-354.

다. 첫째는 미래세대의 권리와 복지를 위해 현세대의 책임과 의무를 강조한다. 둘째, 작고 훼손되고 버려진 공간에 새로운 가용성, 공공성, 경제적 가치를 창출하는 것이다. 셋째는 생태계의 강자에게 솔선수범하여, 공존의 생태 환경을 보장할 수 있도록 사회 환경적 약자보다 더 무거운 책임을 지우는 것이다. 넷째, 오픈 스페이스라는 수평적이고 평등하고 열린 공간에 미적·사회적 역할을 공표함으로써, 민주주의와 참여의 가치를 제고하는 것이다. 다섯째, 훼손된 공간, 잃어버린 존재 가치를 되새기고 되돌리려는 노력을 통해 인간 스스로가 상실한 인간성, 도덕성을 치유하며 회복과 갱생의 정의restorative justice를 실현하는 것이다.

소셜 미디어와 디지털 통신 인프라, 관광 산업의 성장과 함께, 오늘날 오픈 스페이스는 사회적 부가가치와 경제적 이익을 가져다줄 수 있는 소중한 문화, 복지, 교육, 관광 자원이 되었다. 그럼에도, 오픈 스페이스의 가장 중요한 의미는 '열린 공간이자 지속가능한 인프라'라는 점을 잊어서는 안될 것이다. 필자가 생각하는 21세기 조경의 핵심 가치는 휴매니티humanity다. 인간다움humaneness, 연민compassion, 우정fellow feeling, 이해understanding, 공감sympathy, 선함goodness, 박애benevolence, 포용magnanimity 등 인간만이 가진 정신적 자산, 도덕적 가치, 그리고 보편적 선을 의미하는 집합명사다. 오픈 스페이스의 역할과 의미 그리고 '인간성'의 재발견과 인간미의 구현은 휴머니스트 조경 설계가들이 추구해야 할 도덕적 책무이자 직업 윤리다.

이규목·홍윤순

chapter 8

전통조경론

전통조경론,
땅을 읽고 이해하기

'전통의 현대적 계승'과
관련된 단상들

이규목

전통조경론,
땅을 읽고 이해하기

'전통조경'과 관련해서도 다양한 방면에서 이야기될 수 있겠지만, 이
번에는 '풍수지리'를 중심으로 풀어가려 합니다. 앞서 장소place, 공간
space, 환경environment을 이야기했었지요. 어떤 환경에서 인간이 오랫
동안 머물며 생활을 하고 역사가 쌓이면, 그 환경은 최초 맞닥트렸던
객체가 아닙니다. 사이 '간間' 삼종 세트로 이야기하면 '공간空間' 속에
'인간人間'이 들어가 '시간時間'이 흐르면 '장소場所'로 전환이 됩니다. 인
간이 나쁜 짓을 하고 파멸하게 되면 나쁜 장소가 되고, 행복하게 살고
즐거움을 느끼면 명소가 됩니다. 이른바 장소성場所性을 갖게 되는 거
죠. 영국의 엘리자베스 여왕도 매혹당한 안동의 하회마을이나 남해의
다랑이 논 등이 그런 곳입니다. 이렇듯 장소라는 것은 공간, 시간, 인간
이 결합된 환경입니다.

　　지리학 등에서 특정한 장소가 멋있다고 느껴지는 이유를 분석하
면서, 눈에 보이지는 않지만 뭔가가 있다고 설명하는 경우가 있습니다.
'장소의 기'라고도 하지요. 생명체 유지에 필수불가결한 쌀 미米 자가
포함된 공기空氣, 대기大氣, 분위기雰圍氣 할 때의 기氣입니다. 풍수지리

는 이러한 기를 전제로, 땅을 보고, 읽고, 이해하고 나아가 사람이 사는 공간과의 관계를 형성코자 한 방법론이었습니다. 그래서 여기서 풍수 지리를 이야기하고자 합니다.

풍수지리설의 현대적 해석

풍수란 땅을 읽는, 땅을 이해하는, 땅을 해석하는 방법

동진의 곽박郭璞(276~324)이란 사람이 『장서葬書』라는 책을 씁니다. 일 종의 장사 지내는 방법에 관한 책이죠. 그 책에서 "죽은 이는 생기生氣 에 의지해야 한다. 즉 땅속에 묻힌 사람은 정기精氣를 받아야 하고, 그 정기는 자손에게 이어진다"는 이야기를 합니다. 그러니까 죽은 사람의 이야기에서 시작된 것이 풍수지리설입니다. 또한 아주 옛날부터 내려 오는 유명한 말로 "인걸은 지령地靈이라"는 이야기가 있습니다. 큰 인 물은 명당길지가 제공하는 땅의 지령, 즉 땅의 혼을 타고나야 된다는 뜻입니다. 그래서 역대 대통령 중에는 풍수지리 잘하는 지관에게 좋은 산소 자리를 받아 조상의 묘를 이장하기도 했죠. 옛날 대원군의 아들은 왕위 계승 대상이 아닌 지손支孫인데도 보위에 올랐는데, 조상의 묘를 잘 써서 그렇다는 이야기도 있죠.

풍수에 대한 우리나라 최초의 기록은 신라시대 도선道詵(827~898) 이란 스님이 쓴 『도선비기道詵秘記』라는 책입니다. '도선비기'라는 제목 은 전해지지만 책은 전해지지 않았습니다. 고려시대에는 특히 풍수지 리가 굉장히 성행합니다. 하지만 조선시대는 유교와 주자학이 중심이 었고 억불숭유抑佛崇儒 정책을 쓰다 보니 불교가 쇠퇴하면서 풍수지리 도 잠잠해졌습니다. 사람들이 풍수지리 관련 책을 다 불태워버립니다. 음성적으로 유통되면서 묘지 풍수만 발달을 했어요. 음택풍수陰宅風水

라고도 하죠.

　　그러나 사실 풍수는 땅 속에 있는 죽은 사람의 묏자리를 보는 것만이 아니라, 앞서 얘기했듯 '땅을 읽는', '땅을 이해하는', '땅을 해석하는' 방법이었습니다. 나라의 도읍을 정하고 나라 전체의 틀을 잡는 국토풍수國土風水에서도, 도시의 얼개를 짜는 도읍풍수都邑風水에서도 풍수의 원리와 기법을 적용했지요. 대동여지도에서도 풍수 기법에 따라 만들어진 도읍이 여러 군데 발견됩니다. 전라남도의 낙안읍성이 대표적입니다. 대구, 전주, 경주 같은 지방도시도 풍수적 기법에 의해 만들어졌습니다. 전주읍지와 경주읍지는 남아있어요. 그런데 일본 식민지 시대에 풍수적 입장에서 구축된 지방 도시들이 많이 파괴되었습니다. 성벽에 길을 내는 등 공간 구조 자체가 훼손되었어요.

　　다음으로 우리가 관심을 가져야 하는 것이 양택풍수陽宅風水입니다. 양택풍수는 옛날 우리가 살던 사람들의 주거지, 그러니까 양반집이나 양반집이 아니래도 좀 번듯한 민가에 적용이 됩니다. 옛날의 마을은 동성同姓 부락이 많았어요. 지방에 가면 같은 성씨를 가진 씨족 부락들이 한 마을에 사는 경우가 있죠. 종손이 있고, 지손이 있고, 해남에 가면 연동蓮洞 즉, 고산 윤선도의 가계인 윤씨 마을이 유명하죠. 그런 마을은 양택풍수에 따라 만들어졌어요. '양'은 태양 '양陽' 자입니다. 산 사람들을 위한 주거지의 풍수라는 거죠.

땅을 보는 상지기술학

풍수설 이론의 기본은 무엇보다도 모든 자연물을 생명체로 보는 거죠. 그리고 생명체 속에는 기가 있다고 봅니다. 죽었거나 살아있거나 모든 것은 고유한 기를 가지고 있습니다. 티끌에도 기가 있고 돌멩이에도 기가 있습니다. 가치 체계를 적용하자면 받아야할 좋은 기와 피해야 하는 나쁜 기가 있습니다. 좋은 기는 생기生氣이고, 나쁜 기는 고약한 사기邪

氣입니다. 동아시아 사상에서 중요한 개념 중의 하나입니다.

최창조라는 지리학자는 풍수에 매료되어 『한국의 풍수사상』이라는 아주 유명한 책을 저술했어요. 현대적 지리학적 지식을 가지고 풍수를 논한 책입니다. 거기에 보면 음양론과 오행설에 대한 설명이 있습니다. 음양론은 음기와 양기를 말합니다. 태초에 기가 있었고 가벼운 기는 올라가서 하늘이 되고, 무거운 기는 땅으로 내려가서 땅이 됐다는 겁니다. 하늘은 양이고 땅은 음이죠. 하늘과 땅뿐만 아니라 모든 기는 음기와 양기로 나눠집니다. 또 여기에 오행설이 붙어요. 태극이 음기와 양기 둘로 나누어지고 다시 오행인 '금목수화토金木水火土'로 나누어집니다. 또한 음양론과 오행설을 기반으로 사상四象, 팔괘八卦 등의 이원적 구조 체계를 논하는 주역周易도 있고요.

이러한 체계를 주요한 논리 구조로 삼아 우리나라의 전통적 지리과학으로 발전한 것이 풍수라는 상지기술학相地技術學입니다. 우리가 얼굴 보는 걸 관상이라고 하죠. 발바닥 관찰을 족상이라 하고, 손바닥을 보는 건 수상이라고 합니다. 상지相地는 땅이 갖고 있는 어떤 상相을 보는 것을 말합니다. 상지기술학을 영문으로 'geomancy'라고 칭하듯 우리나라에만 있는 개념은 아닙니다. 인디언들도 가지고 있고, 전 세계 문화권과 민족은 나름대로 땅을 이해하는 방법을 가지고 있어요.

곽박이란 사람이 이야기 했듯이 풍수의 목적은 땅 속에 흘러 다니는 좋은 기, 즉 생기를 얻어 피흉발복避凶發福, 즉 흉한 일을 피하고 복을 얻는 거예요. 혈穴을 찾는 거죠. 풍수에서 혈은 매우 중요한 개념입니다. 산이 많은 우리나라에는 나뭇가지 체계로 비유되는 경맥이 있지요. 백두대간이 이어져 내려오고 흩어지면서 지류의 산맥들이 형성됩니다. 풍수에서는 이를 용龍이라고 합니다. 나무 어느 지점에서는 이파리가 나고 어디서는 봉오리가 맺혀서 꽃이 피죠. 똑같은 원리로 산세를 잘 보면 어딘가에는 꽃이 피는 자리가 있습니다. 그게 혈입니다. 거기다 조상의 묘를 쓰면 조상이 돌아가셔서도 묘 속에만 있지 않고 자기 후손의 머리 위에 떠다니면서 후손이 잘되는걸 봐준다고 하죠. 이렇듯 혈은 명당明堂이죠. 작게는 묘 앞의 제사 지내는 상석에, 집이라는 관점에서는 마당에 해당됩니다. 모든 한옥에는 채가 있고, 채가 있으면 반드시 비어진 마당이 있죠. 서양 건축과 우리 한옥과의 큰 차이를 드러내어 채가 혈이고 마당이 명당이 됩니다.

현대적 해석, 우리에게 건강하고 좋은 환경을 찾는 기술

풍수가 주로 자연 환경을 대상으로 논해지지만, 자연뿐만 아니라 우리가 살고 있는 모든 장소 환경도 그 대상이 될 수 있습니다. 앞에서도 이야기했지만 환경 속의 모든 공간마다 기가 흘러 다니고, 풍수지리는 기의 흐름을 읽어서 우리에게 건강하고 좋은 환경을 찾는 기술이라고 한다면, 현대적으로 확대 해석해서 모든 우리 주변의 공간, 인공 환경에도 적용할 수 있겠죠.

풍수지리설이 우리나라에서 묘지 풍수로 전락한 사이, 홍콩, 마카오를 거쳐 서양 사람들에게로 전파가 됩니다. 내가 본 풍수 관련 서양인의 저술 중에 가장 빠른 것은 1800년대 홍콩에 있던 서양 목사가 쓴 책입니다. 그 뒤 저도 외국 나갈 때마다 몇 권씩 사오곤 했는데, 실로 많은 책이 나왔습니다. 풍수는 서양인의 합리적 사고 체계 속에서 생활 풍수로 발전을 한 것이죠. 우리는 혈이나 명당을 자연 환경, 즉 산세가 좋은 데에만 찾아다녔는데, 서양 사람들은 사무실의 가구 배치, 건물 입구 배치, 건물 주변과 건물과의 관계 등 전반적인 생활 공간에 풍수 이론을 적용했어요. 『Landscape Architecture』라는 미국의 조경 잡지에도 풍수 관련 이야기들이 나옵니다. 생활 풍수가 되면서 정원의 조성이나 건물 배치부터 실내 장식에 이르기까지 풍수적 이론이 적용되기 시작한 것입니다.

전남 광주 별뫼 계곡의 초가. 묘는 무덤이 혈, 그 앞의 제 지내는 장소가 명당이나,
양택은 채(집)가 혈이고 그 앞의 마당이 명당이 된다.

경북 양동마을. 양반가도 마찬가지로 채와 마당으로 구성되나
이 채와 마당 세트는 기능에 따라 안채, 사랑채, 행랑채 등으로 분화된다.

기의 기본 개념

기의 종류

우리 생활에서 기는 다양하게 설명됩니다. 즉 혈기, 감기 등의 육체적·생리적 현상을 지칭하기도 하지만, 예술 등에서는 '끼'를 거론하기도 하죠. "이 배우는 연기가 좀 어색한 것 같아, 근데 저 배우는 연기를 하는 게 아니라 실제 그 인물 같아. '끼'가 있어." 이런 경우, 기라고 안하고 끼라고 하죠. 신기神氣라는 말도 있습니다. 옛날에 솔거가 소나무를 그렸는데 새가 날아들다 벽에 부딪쳐 죽은 일화 등을 설명할 때, 신과 같은 경지라는 의미로 사용하기도 했지요. 이렇게 다양한 개념적 의미의 계열화 속에서 볼 때, 기의 개념에는 물질적인 요소도 있고 비물질적인 요소도 있습니다. 모든 사물의 구성 요소로 일종의 생명 에너지입니다.

　　기의 실질적 유형을 다음의 세 가지로 구분할 수 있습니다. 사람이 갖고 있는 기는 인기人氣이고, 땅이 갖고 있는 기는 지기地氣이며, 땅 위에 공기층이 갖고 있는 기는 천기天氣입니다. 다시 사람의 인체에는 두 가지의 기가 있습니다. 하나는 물과 음식을 먹어서 나오는 수곡水谷의 기로서 이는 땅속에 있는 지기와 관련이 있어요. 다음은 경락經絡의 기입니다. 호흡을 해서 나오는 기인데 경락을 통해서 몸속에서 빙빙 돌고 있습니다. 인체의 기에 대한 연구는 우리 동양의학이나 사상의학에서도 굉장히 치밀하게 되어 있어요. 역사도 깁니다. 이러한 내용이 담긴 고대 중국의 의학서 『황제내경皇帝內經』이 나온 게 기원전 200년 정도이니까요.

　　지기地氣는 땅속에 흘러 다니는 기를 말합니다. 현대적으로 해석하면 땅의 위로 왔다 갔다 하는 것도 지기에 속한다고 볼 수 있습니다. 지기에는 자연물의 기와 인공물의 기가 있습니다. 자연물에도 기가 있지만 모든 인공물에도 기가 있어요. 예를 들면 뾰족한 모서리와 구석

같은 곳에서는 음기가 나오고, 아주 나쁜 기가 흘러 다닌다는 거죠. 아주 잔잔한 냇물에는 좋은 수기水氣가 흐른다고 할 수 있습니다.

인기, 지기, 천기는 서로 교류합니다. 장소의 기라고 할 때에는 천기와 지기를 합해진 이야기를 하는 것이죠. 지기는 땅속을 흐르다가 혈처에서 나옵니다. 앞에서 말했지만 나무로 치면 꽃피는 자리입니다. 지기가 강한 곳이 있어요. 돌이 많은 곳에 지기가 많다고 그래요. 돌 속에 철분이 많잖아요. 우리나라에서는 충남 남동부의 계룡산, 강화도의 마니산 등이 그렇고, 그리스에서 신전 중의 신전으로 꼽는 델포이Delphoe, 인도의 아잔타 석굴Ajanta Caves, 미국 서부의 세도나Sedona 등이 그런 곳입니다.

풍수지리의 방법

장소에 관한 하나의 도식

풍수지리의 방법은 장소에 관한 특정한 도식圖式으로 설명됩니다. 영어로는 '스키마schema'라고 하죠. 이는 우리 동아시아 삼국이 가지고 있던 땅을 해석하는 하나의 틀이죠. '집단적 주관'입니다. 한 집단 내부에서 통하는 주관인데, 다른 집단은 또 다른 개념을 갖고 있습니다.

천원지방天圓地方이라는 말이 있죠. 방은 네모나다는 뜻이고 원은 동그랗다는 뜻이니, 하늘은 둥글고 땅은 네모나다는 겁니다. 우리나라의 전통연못은 사각형의 방형方形 형태가 많고, 가운데에 동그랗게 섬을 만들었지요. 이 스키마, 도식을 사신사四神沙 또는 사신도四神圖라고 합니다. 여기에 좌청룡, 우백호, 현무, 주작을 상정합니다. 풍수에서는 북쪽이 높습니다. 북쪽에서 내려다보고 있는 거죠. 우리가 저 북한산에서 내려다보듯이요. 동쪽이 좌청룡, 서쪽이 우백호, 남쪽이 남주작, 북쪽이 북현무가 됩니다. 색으로 보면 푸르고, 하얗고, 빨갛고, 검고. 사신사의 기본 도형입니다.

오행으로 보면 동쪽은 목木이 되고, 남쪽은 화火가 되고, 서쪽은 금金이 되고, 북쪽은 수水가 되고, 토土는 한가운데입니다. 오행이 다 성립됐죠. 토는 황색입니다. 중국 북경성北京城 한가운데에는 황금색의 웅장한 건물이 위치합니다. 중심이 토土이며, 황색이 그 상징이기 때문에 그래요. 북경성의 서쪽에는 흰색 깃발이 있고 동쪽에 가면 푸른색이고 남쪽에 가면 빨간색이고 북쪽에는 검은색 깃발을 꽂아놓았습니다. 철저하게 오행의 개념에 맞춰서 만들어진 거죠.

공간적으로는 사신사이지만 시간적으로는 사계절이 됩니다. 겨울은 음인데, 겨울에 서서히 싹이 터서 나무가 자라고, 번창을 하면 양이 되는 거죠. 그런데 가을이 되면 낙엽이 떨어져서 다시 흙으로 돌아가 썩어서 금이 되는 거예요. 그리고 다시 수로 갑니다. 소음少陰의 계절인 봄의 음중양陰中陽, 태양太陽인 여름의 양중양陽中陽, 소양少陽의 계절인 가을의 양중음陽中陰, 태음太陰인 겨울의 음중음陰中陰, 이렇게 음양과 함께 사계절이 순환되는 겁니다. 사계절이 있는 나라의 도식이에요. 전 세계의 주요 문화권이 묘하게 적도에서부터 북반 사이에 위치합니다. 영국도 그렇고 미국도 그렇고, 문화가 발달한 대부분의 나라에는 다 사계절이 있는 거예요. 우리나라에만 적용되는 게 아니죠.

도읍 풍수

이 기본 도식이 도시 조성에도 적용됩니다. 도읍 풍수라고 합니다. 중국에는 평지에 정방형으로 조성된 도시가 굉장히 많아요. 우리나라도 고려시대에 조성된 전주읍이나, 일제 직전까지 있었던 경주읍 같은 곳은 산지가 아니고 분지에 있으면서 거의 정방형에 가깝습니다. 좌청룡, 우백호, 남주작, 북현무의 개념이 도읍 풍수에 그대로 적용된 거죠. 그런데 우리나라는 형태가 규칙적인 정방형이 아닙니다. 중국도 마찬가지이지만 북쪽은 평지가 많으니까 그대로 적용이 됐는데 남쪽으로 내려가면 산지가 많으니까 규격화하기 쉽지 않았어요. 그러니까 지형에 맞춰 변형이 된 것이죠. 이런 형태로 된 도읍이 화성과 한양입니다.

이상적인 사신사를 말하면 북쪽의 거북은 듬직한 모습이어야 하고, 새는 춤추듯 너울거려야 하며 용은 길게 뻗어서 앞으로 휘둘러야 하고, 호랑이 즉 범은 웅크린 자세가 좋습니다. 가장 중요한 것은 주산主山입니다. 옛날 도읍을 정할 때 주산을 찾는 것이 중요했습니다. 서울도 마찬가지입니다. 도읍을 정할 땐 주산에서부터 용이 내려와서 즉 산줄기가 내려와 앉은 곳에 마을이 입지하게 되는 형상이 좋다고 합니다. 주산 밑에 명당을 잡아 좌청룡·우백호를 정하고 그 앞으로 큰 길을 하나 내었죠. 물론 앞으로는 내川가 흐르는, 배산임수背山臨水의 형국이죠. 서울의 주산은 북악산입니다. 주산을 진산鎭山이라고 합니다. 눌러준다고 해서 진산晉山이라고도 하죠. 광주의 무등산, 대구의 팔공산, 경주의 남산 이렇게 도읍마다 지켜주는 산이 하나씩 있습니다.

이 도읍 풍수의 개념은 양택 풍수에도 적용됐지만 묘지 풍수에서는 적용되지 않았습니다. 묘지는 전부 산 속에 썼기 때문에 이 도식을 적용할 수가 없습니다. 그래서 산세를 읽어서 명당자리를 찾아내는 기법이 발달했습니다. "좌청룡, 우백호로 산 능선을 쓰면 되겠다. 뒤 현무자리는 언덕으로 바람風을 막도록 하자. 남쪽은 좀 개방해서 내水가 흐르도록 하자" 등을 판단하는 것이죠. 좋은 자리를 형국形局이라고 합니다. 이렇듯 도식이 적용되는 좌향적 풍수가 아니라 형국을 찾아다니면서 좋은 형국을 찾아내는 풍수 기법이 우리나라 묘지 풍수에서 특히 발달했습니다. 그러나 우리가 더욱 관심을 가져야 할 대상은 양택陽宅 풍수입니다. 화장 문화가 본격화 되는 오늘날 묘지 풍수는 거의 의미가 없어졌지요.

양택 풍수

양택 풍수는 흥미롭습니다. 조선 시대 유명한 생활백과서인 홍만선의 『산림경제山林經濟』, 서유구의 『임원경제십육지林園經濟十六志』에는 집을 지을 때 어떻게 지어야 되고, 나무는 뭘 심어야 되고, 마당은 어떠해야 되는지 등에 대한 여러 가지 이론이 나옵니다. 이중환은 함경도와 전라도는 반역의 땅이라고 안 갔지만 전국을 돌아다니면서 지리에 대한 해석을 했습니다. 그 내용이 담긴 게 『택리지擇里志』라는 책이죠. 그 바탕에는 풍수적 해석이 많이 깔려 있어요.

양택 풍수와 관련해서는 중국 청나라 시대 조정동趙廷棟이라는 사람이 쓴 『양택삼요陽宅三要』라는 책이 있습니다. 우리나라에서도 최근 번역되어 출판되었습니다. 여기에서는 집을 구성하기 위해 주출입구, 주인이 거처하는 공간, 부엌 등의 관계를 어떻게 해야 하는지 설명하고 있지요. "양택 3대 간법"이라고 합니다.

양택 풍수의 첫째 원리는 앞에서도 말한 배산임수입니다. 배산임수하면 산에서 땔감을 얻고, 하천의 물을 길어서 식수로 쓰고, 북쪽에서 오는 추운 바람도 막아주고 시원한 바람이 남쪽에서 불어오겠죠. 그래서 배산임수하면 건강 장수한다고 합니다. 두 번째는 전저후고前低後高입니다. 앞이 낮고 뒤가 높아야 된다는 겁니다. 태양을 향해서 경사가 져야 양지바르니까요. 또 이래야 오염된 공기가 쑥쑥 잘 빠지겠죠. 전저후고하면 세출영웅, 즉 '영웅으로 출세한다'는 말이 있습니다. 세 번째로 전착후관前窄後寬, 즉 앞이 좁고 뒤가 넓어야 한다는 겁니다. 입구가 넓으면 좋지 않은 것이죠. 해남의 연동마을에 가면 입구는 아담하지만 들어가면 경관이 제법 시원하게 펼쳐집니다. 입구가 좁으니까 바람도 막아주고 바깥에서 잘 눈에 띄지도 않아서 적으로부터 보호받을 수도 있습니다. 또 아늑한 맛이 납니다. 대문은 넓은데 들어가면 좁은 건 안 좋잖아요. '전착후관하면 부귀여산이라', 즉 '산과 같이 부귀를 누

경북 안동 퇴계 생가. 앞에 내를 두고 청량산 남쪽 자락에 자리한
퇴계 이황 선생이 태어난 이 장소는 전형적인 '배산임수' 형식이다.

경북 안동 예안향교. 뒤에 산이 있고 남향하여 배치되므로
자연스럽게 앞이 낮고 뒤가 높아 햇볕을 잘 받는 '전저후고' 형식이 된다.

리리라'라는 말이 있습니다.

기에 대한 관심, 결국은 장소에 대한 관심

서양에서도 활발한 풍수지리에 대한 현대적 접근을 예전부터 우리나라에서 지속되어온 사상과 접목시키기 위해서는 기의 존재를 인정해야 합니다. 여러분들은 기의 존재를 믿습니까? 제가 기의 기본 개념을 주제로 논문을 하나 썼습니다. 국내 한 학회지에 투고를 했는데 젊은 심사자들로부터 여러 번 게재 불가를 받았어요. 이런 주관적 견해를 가진 논문을 실을 수 없다는 거죠. 젊은 친구들과 논쟁하면서 결국 게재되긴 했지만, 아주 혼이 났습니다.

제가 풍수지리나 기에 확신을 가지게 된 계기가 있어요. 30대 중반 영국 셰필드 대학교에서 석사 과정을 밟을 때, 초기 두 달 정도 영어학원에서 영어 공부를 하면서 주말마다 영국의 오래된 마을을 여행했습니다. 우리나라의 하회마을 같은 곳들이죠. 전부 돌로 만들어진 곳도 있고, 갈 때마다 멋있어서 감탄을 하곤 했습니다.

영어 교육을 마치고 학과장하고 이야기하면서 오래된 마을이 아름다운 이유도 궁금하고 도시 경관에 관심이 많아, 오래된 마을을 대상으로 도시 경관을 연구하고 싶다고 하니 좋다고 하더군요. 두 달 안에 연구계획서를 가져오라고 해서 고민에 고민을 하고 클래스 메이트하고도 이야기를 많이 나누었습니다. 그러던 어느 날 집에 가는 길에 갑자기 아름다운 이유를 찾았습니다. 앞서 언급했듯 '공간, 시간, 인간이 결합되었기 때문이다'가 제가 찾은 이유였습니다. 이 주제로 유학 시절의 학위논문을 써서 아주 우수한 논문으로 인정을 받았습니다. 당시 영어도 짧은데 어떻게 그런 논문을 썼느냐는 말을 많이 들었어요. 제가 한국에서는 교수로 재직하고 있었기 때문에 이미 공부가 많이 되어있기도 했지만, 은연중에 동아시아의 풍수지리 사고를 원용했을 수도 있죠.

서양의 지리학자들은 현상학적 측면에서 'sense of place'를 주목합니다. 이는 우리나라 말로 장소의 느낌이라는 '장소감' 또는 '장소성'이라고 번역을 하지요. 장소에 뭔가가 있다, 분위기가 있다는 말입니다. 어떤 사람은 'a spirit of place', 즉 장소에는 혼이 있다고 합니다. 'spirit of place'를 'genius loci'라고도 합니다. 'loci'는 장소locus의 복수형이며, 'genius'란 혼魂이란 뜻입니다. 말하자면 서양 문화도 '장소의 혼이 존재한다'고 분명히 인식하고 있다는 겁니다.

장소에 혼이 있다는 것은 실존적 개념입니다. 사람이 어떤 장소에 오래 머물게 되면 '의미'가 발생합니다. 형용사로 표현할 수도 있고요. 명소라고 뭉뚱그려 이야기하지만, 왜 명소냐고 할 때 하회마을과 같은 장소는 인간 활동의 장으로서 사람들의 활동 영역과 일치되는 일치감이 있다고 말합니다. 노베르크 슐츠Norberg Schulz라는 노르웨이의 실존주의 건축가가 『Genius Loci』라는 책을 썼습니다. 우리나라에 번역도 되어 있어요.

그런 측면에서 '기'라는 개념은 서양 문화에도 있습니다. 내가 미국에 있을 때 아메리카 원주민의 책을 많이 봤는데, 그들한테도 땅을 보는 개념이 있어요. 요가에도 있고요. 어떤 민족이나 종족이나 공통으로 가지고 있습니다. 다시 말하지만 '집단적 주관'입니다. 저는 서양 학문을 통해 그 개념을 공부하기 시작했고 이제는 우리 동아시아의 전통적 학문과 합치시키려는 노력을 하고 있습니다. 여러분들도 우리 것에 많은 관심을 기울이기 바랍니다.

홍윤순

'전통의 현대적 계승'과
관련된 단상들

우리의 고유 환경과 조영 원리

'문화의 시대'로도 규정되는 오늘날, 우리의 일상과 전문 분야에서의 많은 상황이 세계화globalization와 지역화localization의 줄타기 선상에 비견된다. 즉 서로 방향을 달리하는 이들 양 세력 사이 시시각각의 시간적·공간적 상황에 입각해 어느 방향과 정도를 상정할까를 고민하고 그 책임을 떠안는 상황이다. 한 끼 메뉴를 선택할 때에도 연극이나 영화를 볼 때에도, 조경계획·설계의 방향을 설정할 때에도…. 이러한 방황과 고민은 왜 촉발되는 걸까? 자문자답自問自答해 보건대, 이는 더 이상 단일한 사고와 체계로 세계가 합일되기가 불가능하며, 바람직하지도 않다는 잠정적 결론이 우리 모두에게 잠재해 있기 때문이다.

즉, 근대 서구 사회를 중심으로 확산되어 '근대주의'로 번안되는 모더니즘modernism은 국제주의internationalism를 통해 전 세계 환경의 균질화를 꿈꾸었다. 더불어 이에 대한 반발로, 포스트모더니즘과 맥락주의contextualism가 태동한 것 역시 주지되는 사실이다. 이러한 흐름의 연장선상에 있는 오늘날, 전 세계인이 공유하는 절대적 가치는 이제 찾아보기 어려운 상황인 바, 이는 지난 세기 동안의 이념적 대립과 물질주의의 실패를 통한 값진 수확이라 아니할 수 없다.

그러나 서구 사회와 견줄 때 풍토와 기억, 인종을 전혀 달리하는 민족임에도 불구하고 많은 이의 정신세계는 여전히 서구화, 그 자체를 세계화로 이해하곤 한다. 이러한 경향은 우리의 근대화 과정이 자생적이며 자발적으로 이루어진 것이 아닌, 외세外勢라는 타의에 의해 맹목적이고도 매우 급격히 진행되었던 것과 밀접한 관계가 깊다. 결과적으로 우리는 동아시아, 그리고 우리 고유의 전통적 가치를 스스로 절하하는 오리엔탈리즘orientalism을 부지불식 중 덮어쓰고 일상과 학문 그리고 실무에 임하고 있지는 않은지 반성과 성찰이 필요한 시점에 있다.

우리나라 조경 분야에서 전통과 관련된 생산적 담론이 본격적으로 촉발된 것은 '조경에 있어서의 전통과 창조'라는 주제로 진행된 1992년 세계조경가대회IFLA의 한국 개최로 거슬러 올라간다. 이규목은 이를 앞둔 당시 『환경과조경』통권 39호의 "내일을 위하여"라는 권두언에서 다음과 같이 설파한 바 있다.[1]

"1992년 우리나라에서 개최될 세계조경가대회IFLA는 다른 나라에서도 그랬듯이 우리 조경 문화 발전의 좋은 계기가 되어야 할 것이다. 그것은 우선 한국적 조경 양식의 정착을 위한 시도가 되어야 할 뿐만 아니라, 전문직으로서 조경 분야의 사회적 위상을 확실히 해두는 기회로 활용되어야 할 것이다. 1970년대 초 조경학이 우리나라 대학의 정규학과로 신설된 것은 서구의 학문 개념으로서였지만, 이 이전에 우리는 오랫동안 지녀온 전통과 유산이 있었고, 이제 20년 가까이 지난

---

1. 이규목, "내일을 위하여 – 1992년 세계조경가대회와 우리의 조경 문화", 월간 『환경과조경』, 통권 39호, 1991, p.25.

이 시점에서 전통의 계승과 현대 조경의 조화는 중요한 문제가 아닐 수 없다. IFLA의 주제를 '조경에 있어서의 전통과 창조'로 정한 것은 바로 이 대회를 계기로 이 문제를 정리해보고 우리 한국 조경의 미래상을 모색해 보자는 것이다."

그러나 조경이 학문과 업종으로 우리나라에 도입된 지 40년을 훌쩍 넘긴 오늘날에도, 이 문제는 전술한 바와도 같이 여전히 미완의 진행형이다. 작금의 한류, 그중에서도 K-Pop의 전개와 발전에서도 발견되듯 '전통' 또는 '한국성'에 대한 관심은 우리 고유의 것에 대한 성찰적 노력임과 동시에 세계인이 공감할 수 있는 적극적 수단임에도 불구하고 그동안 많은 경우 수구적이고 고답적인 것으로 곡해되는 경향이 있어 왔다.

그럼에도 불구하고 우리의 전통에 내재한 질서가 자연과 합일되는 생태적 특성을 보유할 뿐만 아니라 그 자체가, 미학적이라는 것을 논증한 연구들이 산발적으로나마 전개된 점은 다행이라 아니할 수 없다. 이러한 연구들은 우리의 전통 경관 조영에 내재한 조영 원리가 환경 파괴를 경험하며 새롭게 부각된 서구의 생태학의 관점과 긴밀히 연계되어 있다는 점을 일깨워 줄 뿐만 아니라, 우리 고유 환경과 조영 원리의 자존감과 자긍심을 고양할 수 있는 시선을 제공한다.[2]

이러한 흐름에 이규목은 괄목할 만한 기여를 했던 것으로 보인다. 즉 일찍이 해외 유학을 경험하고 서구의 문화에 쉽게 경도될 수 있었음에도 불구하고, 전통에 대한 이규목의 관심은 오랜 연원을 갖고 다방면으로 전개되었다. 후학의 고착된 학문적 기준에 의해 고초를 겪으

---

2. 소현수, 『전통 경관의 조영 원리에 대한 생태학적 해석』, 서울시립대학교 대학원 조경학과 박사학위논문, 2008; 성종상, 『조경설계에 있어서 '생태-문화' 통합적 접근에 관한 연구: 고산 윤선도 원림을 중심으로』, 서울대학교 환경대학원 조경학과 박사학위논문, 2003; 이도원 외, 『한국의 전통생태학』, 사이언스북스, 2004; 권영걸, 『공간디자인 16강』(초판), 2001 등을 참조
3. 이규목, "인간과 환경의 관계에 관한 현상학적 접근 방법 연구", 『대한건축학회논문집』 4권1호(15), 1988.

며 힘들게 게재된 논문[3]을 통해서는 동아시아의 개념인 기氣와 서구의 장소 정신이 공유하는 현상학적 측면을 주장하였으며, 관련분야 전문지에 전통과 관련된 다양한 담론[4]을 제시하면서 스스로의 학문적 성숙과 함께 '우리 것'에 대한 관심을 매우 자연스럽게 확장시켜 나아갔다.

동아시아의 상보적 이원론

20세기를 마감하고 새로운 천년을 맞는다며 상기된 2000년 당시 박사 논문을 준비하던 필자 역시, 당시 지도교수인 이규목의 주관심사였던 '전통의 현대적 수용 문제'에 깊이 동화되었다. 전통과 관련된 많은 관점 중 필자에게 운명적으로 다가온 화두는 많은 세월 서구의 분리적·환원론적 이원론과는 전혀 다른 차원의 상보적 이원론, 즉 '관계론'의 관점이었다. 다소 거칠게 이야기함을 전제로 서구는 환경 파괴의 반작용으로 ESSD 개념이 등장하기 이전까지 세상의 제반 현상과 사물을 미분화하여 해석하는 분리적 이원론을 전개해왔다. 이에 비해 동아시아의 상보적 이원론은 서구의 분리적·환원적 차원과 괘를 달리하는 새로운 세계관이자 고차원적 사상적 사고 체계라 할 수 있다. 뒤늦게 이를 자각했던 필자는 주역周易으로 지칭되는 역易의 논리 체계를 통해 오늘날 우리의 환경과 경관을 이해하고 좀 더 나아가 계획·설계방법론에 활용하는 꿈을 꾸게 되었다.

역易의 논리는 오늘날 전자 문명에 기여한 이진법과 비견되듯 일

---

4. 이규목, "한국건축의 한국성에 대한 하나의 판정: 상보적 이원구조", 월간『공간』, 1987, pp.126~129; 이규목, "도시환경에서의 전통과 현실: 6개의 이중주", 월간『공간』, 1988, pp.33~37; 이규목, "도시환경에 대한 한국적 패러다임 시론", 『터전』3호, 1995; 이규목, "21세기 우리도시조경의 패러다임", 제1회 조경대상 및 심포지움 자료, 2001 등

원론인 태극太極, 이원적 관계론의 음양陰陽, 그리고 사상四象과 팔괘八卦, 64괘卦와 384효爻를 통해 전개된다. 동아시아 사고의 원류를 이루는 역易의 잠재력은 백百 과학의 아버지, 근세의 아리스토텔레스, 근세 철학의 시조 등으로 추앙되는 라이프니츠Leibniz가 중국 강희대제 당시, 북경에 머무르던 신부 부베Bouvet를 통해 주역을 접하고 받은 감동을 전한 내용을 통해 확인된다. 즉 라이프니츠는 평생의 업을 '사상思想의 알파벳'이라는 보편기호법을 통해 일체의 문제를 통일적으로 해결하려는 노력을 기울여 1679년 1과 0으로 구성되는 이진법 산술표를 고안했으나, 그가 목표로 했던 기호 언어이자 인류 언어가 이미 4000여 년 전 중국에서 역의 64괘 형태로 고안된 것을 알게 되며 부베 신부에게 다음과 같이 술회하였다.[5]

"이 역易의 그림은 우주에 있어서 오늘날 존재하는 과학에 관한 최고의 기념물입니다. … 나는 귀하에게 고백하는 것이지만 만일 내가 이진법 산술을 발명하지 않았다면 이 64괘의 체계 즉, 선도線圖의 목적을 통찰하지 못하고 막연하게 바라만 보았을 것입니다."

음양은 타자의 존재를 전제로 성립되는 대대성待對性을, 음과 양 각각의 중심에 서로 다른 기운이 내포되었음을 뜻하는 함포성含飽性을, 고정된 것이 아닌 서로를 향해 나아가는 동태성動態性을, 태극太極이라는 통합체의 다름이 아닌 전일성全一性을, 다른 두 요소를 적대적인 것이 아니라 서로를 돕는 관계로 보는 상보성相補性을 보유한다. 여기에서 특히 주목할 만한 '상보성complementarity'의 개념은 현대 물리학의 진전과 함께 서구 철학의 지평을 확대하면서, 나아가 동아시아의 전통적 지혜와 연결되는 '자연과 더불어with nature'의 패러다임을 확산시키

---

5. 김용정, "라이프니츠의 보편기호법 사상과 역(易)의 논리", 한국주역학회, 『주역의 현대적 조명』, 범양사출판부, 1993.

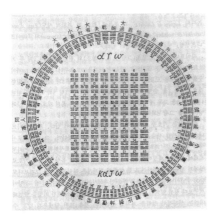

라이프니츠가 부베를 통해 받은
주역 관련 목판도(출처: 김용정, 1993, p.299)

는 계기가 되었는 바, 파울리Pauli라는 학자는 1949년 2월 취리히 철학
회에서 그 의의를 다음과 같이 천명한 바 있다.

"오늘날 과학적인 자연기술自然記述의 인식론적인 기초에 관하여
물리학자와 철학자간에 새로운 협조가 수립되기 위한 전제는 충족되었
다고 나는 생각한다. 1910년 이후의 원자론과 양자론의 발달에 의하여
물리학은 원칙적으로 전 세계를 이해하고 있다는 오만한 권리 요구를
점차로 포기하지 않으면 안되게 되었다. 물리학의 발전을 긍정하는 물
리학자도 오늘날 우리가 자연과학을 갖고 있지만 이미 자연과학적 세
계관을 소유하고 있지는 못하다는 것을 인정하지 않으면 안된다. … 이
러한 사정에 의하여 자연과학은 이전에 갖고 있던 일방적인 편견을 수
정하고 단지 그 일부에 지나지 않지만 통일적 전 세계상으로 향하는 전
진의 맹아가 싹트고 있다. … 이점에 있어서 상보성의 고찰에 관한 일
반적인 의미를 발견하고자 한다."

서구의 이원분리적 세계관을 극복하는 계기가 되었던 신과학운
동의 중심 인물로서 과학에서 상보성 원리를 제창하여 노벨 물리학상
을 수상한 인물은 닐스 보어Niels Bohr였다. 그는 그가 새로이 발견한

닐스 보어가 귀족의 작위를 받으며,
그의 가문을 위해 선정한 문장
(출처: 카프라, 1989, p.178)

상보성의 개념과 동아시아 사상 사이에서의 유사성을 너무도 잘 알고
있었다. 그의 모국 덴마크가 그의 뛰어난 업적과 공로에 대한 감사 표
시로 귀족의 작위를 수여할 때 보어는 가문을 표상하는 문장으로 '음
양'의 원형적인 대립자의 상보 관계를 표상하는 태극도를 선택하면서
'대립적인 것은 상보적인 것이다'라는 문구를 포함하였다.[6] 이렇듯 서
구의 이원분리적 과학 방법은 자연을 지배할 수 있는 인간상을 꿈꾸었
으나, 전쟁과 자연 파괴에 대한 반성이 본격적으로 제기되는 20세기 중
반 이후, 서구 문명의 한계와 그 처방을 위해 동아시아 철학의 세계관
과 주요 개념에 주목하였다. 이는 하나밖에 없는 지구Only One Earth에
서 자연과 더불어 상보적으로 상생하면서 지역적 다양성을 담보하기
위한 패러다임의 전환이라 아니할 수 없다.

　　어쨌든 필자는 세상사의 현상을 이해하던 오래된 방식인 주역周

---

6. 프리쵸프 카프라, 『현대물리학과 동양사상』, 범양사출판부, 1989.

　　　　　　　　　　　　　　　　　　　　　chapter 8 - 전통조경론

易의 틀을 오늘날 다시 헤아려 우리 도시 경관의 해석 방법론을 개발하고 연구를 진전시킬 수 있었다.[7] 이러한 모색은 형태나 규모, 기능 등이 다양화되고 융합되며 끊임없이 변화하는 현대의 도시 환경과 공간들을 단편적으로 이해하던 근대적 관점을 극복하기 위한 방안이며, 고정되기 쉬운 사고를 보다 역동적이고 탄력적으로 진전시키는 데에 필수불가결한 측면을 갖지 않을까 한다. 아울러 본 관점은 전통적으로 강조되어 온 사이 공간과 매개 공간에 대한 관심과도 맥을 같이 할뿐만 아니라, 나아가 작금의 도시 건축 분야에서 주장되는 '모호한 영역'이라는 의미의 테란바흐terrain vague 및 라틴어로 문지방limen을 뜻하는 역공간liminal space, 즉 공적인 것과 사적인 것, 문화와 경제, 시장과 장소 등을 가로지르고 결합하는 중간 상태 또는 전이 단계에 내재한 혼성적 특성에 주목하는 관심과도 상통되는 측면을 갖는다고 믿는다.[8]

전통과 우리의 것에 대한 고고학적·고답적 관심을 넘어서는 이규목의 태도는 필자뿐만 아니라 많은 후학들에게도 당연히 긍정적인 영향을 주었다. 역시 이규목의 문하생이었던 이동화는 그의 박사학위논문에서 전통 풍수의 개념을 활용하여 오늘날 우리의 상황을 해석하고 조성하는 데에 기여할 바를 탐구하였다.[9] 또한 이규목의 마지막 박사과정 문하생인 최정민은 고답적 전통성과 다른 한국성의 개념을 탐구하고 이를 위한 방안들을 폭넓게 모색한 바 있다.[10]

---

7. 홍윤순,『서울도심경관의 이원적 관계양상 해석 – 역(易)사유의 현대적 수용을 토대로』, 서울시립대학교 대학원 조경학과 박사학위논문, 2002; 홍윤순, "괘상 원리에 기초한 도시경관의 이원관계성 해석방법론", 『한국정원학회지』 20(3), 2002; 홍윤순, "괘상원리에 기초한 도심재개발 경관의 이원관계의 해석", 『한국조경학회지』 30(5), 2002 참조

8. 조경진·한소영, "역공간 개념으로 해석한 현대도시 공공공간의 혼성적 특성에 관한 연구",『한국조경학회지』 45(2), 2011 참조

9. 이동화,『기(氣)를 바탕으로 한 주거환경의 현대적 해석 – 양택풍수를 중심으로』, 서울시립대학교 대학원 조경학과 박사학위논문, 2006.

10. 최정민,『현대 조경에서의 한국성에 관한 연구』, 서울시립대학교 대학원 조경학과 박사학위논문, 2008.

우리 고유의 정신을 담는 환경의 구축

전통의 현대적 계승이라는 관념론 차원의 논의는 보다 실제적이고 응용력을 확보할 수 있는 수단tool의 확보를 위한 전제라 할 수 있다. 즉 현시대 한국 조경계의 화두인 전통 및 지역 특성의 계승과 외래 사조 수용의 문제와 어떻게 우리 것으로 소화할 것인가의 문제에 대한 열쇠를 찾기 위한 실천적 노력이 요구된다. 우리의 전통 또는 지역 고유의 특성을 보존·활용하면서 세계적 보편성을 획득하기 위한 이러한 전략에 견주어볼 때, 그 하나의 예시로서 '비판적 지역주의critical regionalism'를 주목할 수 있다.[11]

오늘날 우리가 간직해왔던 자연과 상생하는 조경에 대한 관심이 조금씩 증폭되고 있다. 대표적으로 세계 여러 도시로 진출하고 있는 한국정원은 매우 상징적인 사례라 할 것이다. 필자가 설계사무소의 대리로서 실무에 몸담던 1990년 당시, 계획·설계에 참여해 조성되었던 일본 오사카 쯔르미鶴見지구 국제정원박람회장 내 한국정원 이래, 오늘날까지 해외에 많은 한국정원들이 조성되었다.[12] 당시 애송이 설계자였던 필자 역시 '한국 고유의 정원을 무엇으로, 어떻게 보여줄 것인가'에 대해 고민을 반복했던 기억이 새롭다. 그러나 모색된 여러 대안들은 발주처의 관계자와 자문위원들의 인식, 즉 세계인에게 보여 줄만큼 고급스러운 것이어야 하며 미학적이어야 한다는 손쉽고도 편협한 인식을 극복하지 못하였다. 결과적으로 대상지의 맥락과는 무관하게 덕수궁 후원 일부의 환경을 선별하여 이를 비교적 충실히 모사하는 수준에서 정리하였으나, 이후 30여년이 흐른 작금에도 이런 경향이 반복되기도 하

---

11. 도경화, 『비판적 지역주의에 기초한 조경설계전략에 관한 연구』, 서울시립대학교 대학원 조경학과 석사학위논문, 2001.
12. 한국조경학회, "세계 속의 한국정원", 『조경정보지(Landscape Review)』 24권, 2014 참조

는 듯해 아쉬움을 갖는다.

물론 다음의 사례 역시 해외에 진출시키는 한국전통정원이라는 특수성 때문에 전통적 정신 세계를 표상하거나 전통 환경 요소의 해체 및 재구성 등을 넘어서는 적극적인 태도를 발견하기는 쉽지 않으나 그럼에도 불구하고 30여 년 전 과거 기억에 비해 보다 진전된 한 작가의 한국전통정원에 대한 고민을 단편적으로 소개한다.

안탈리아 한국정원의 곡지曲池는 대한민국과 지중해 안탈리아의 해안선을 모티브로 양국 전통 연못 양식을 중첩하였다. 직선 호안에서 발원된 물은 봉래蓬萊, 방장方丈, 영주瀛州를 재해석한 섬을 휘돌아 흘러 지중해로 유입된다.

다원적 공간 구성과 함께 체험되는 공간이 한 번에 드러나지 않도록 간정間庭을 설정하며, 시퀀스 효과를 꾀하였다. 또한『임원십육지林園十六志』관병법에 나오는 취병翠屛을 공간을 위요하고 분절하며 중첩시키는 요소로 사용하였다.

안탈리아 한국정원

타슈켄트 서울공원

　지난至難하다고 할 만큼 어려울 수 있는 '전통의 현대적 계승의 문제'는 당연히 한국전통정원에 국한되지 않는다. 서구의 소공원 운동 Vest Pocket Park Movement을 문민정부와 함께 출범한 문화부가 기획했던 '쌈지공원'이나, 전통 문화의 창조적 계승과 발전을 겨냥하는 신한옥과 같이 오늘날 우리의 상황과 환경, 정서로 녹여내려는 노력이 필수적이다. 즉, 우리의 일상을 담는 삶의 환경에 박제된 전통이 아닌, 하여 오늘날에도 여전히 강건하고 유효한 환경으로 드러나며, 그 내부에 우리 고유의 정신을 담는 환경을 구축하기 위한 노력은 우리가 오늘을 사는 '세계 속의 한국인'인 이상 계속 번민해야 할 가치이자 덕목이 아닌가 한다. 이에 동년배와 후학들의 궁구窮究한 고민과 실천적 노력을 다시금 기대한다.

타슈켄트 서울공원

이규목 kmlee@uos.ac.kr
서울대학교 건축학과, 서울대학교 환경대학원
조경학과, 영국 셰필드대학교 조경학과를
거쳐 서울대학교에서 도시공학 박사학위를
받았다. 서울시립대학교 조경학과에 32년간
재직했고 현재 명예교수로 있다. 재직 중
교무처장, 도시과학대학 초대 학장을 지냈다.
한국조경학회 회장, 서울시 도시경관심의위원
및 건축심의위원을 역임했고, 각종 공원 및
경관계획에 참여했다. 저서로는 『도시와
상징』(1988, 일지사), 『한국의 도시경관』(2002,
열화당), 역서로는 『주거형태와 문화』(1985,
열화당), 포토 에세이 형식의 경관론으로 『마음의
눈으로 세계의 도시를 보다』(2007, 도서출판
조경), 『삼국지 유적, 읽다 가다 보다』(2012,
도서출판 숲길)가 있고, "장소의 기 연구" 등 수십
편의 논문을 저술했다.

고정희 jeonghi.go@gmail.com
1957년 서울에서 태어나 어머니가 손수 가꾼
아름다운 정원에서 유년 시절을 보냈다. 어느
순간 그 정원은 사라지고 말았지만, 유년의
경험이 인연이 되었는지 조경을 평생의 업으로
알고 살아가고 있다. 『100장면으로 읽는 조경의
역사』, 『식물, 세상의 은밀한 지배자』, 『신의
정원, 나의 천국』, 『고정희의 바로크 정원
이야기』, 『고정희의 독일 정원 이야기』 등 여러
권의 정원·식물 책을 펴냈고, 칼 푀르스터와
그의 외동딸 마리안네가 쓴 책을 동시에
번역 출간하기도 했다. 베를린 공과대학교
조경학과에서 '20세기 유럽 조경사'를 주제로
박사 학위를 받았고, 현재는 베를린에 거주하며
'써드스페이스 베를린 환경아카데미' 대표로
활동하고 있다.

김아연 ahyeonkim@uos.ac.kr
서울대학교 조경학과와 동대학원 및 미국
버지니아대학교 건축대학원 조경학과를
졸업했다. 조경 설계 실무와 설계 교육 사이를
넘나드는 중간 영역에서 활동하고 있다. 국내외
정원, 놀이터, 공원, 캠퍼스, 주거단지 등 도시
속 다양한 스케일의 조경 설계 프로젝트를
담당해왔으며 동시에 자연과 문화의 접합 방식과
자연의 변화가 가지는 시학을 표현하는 설치
작품을 만들고 있다. 자연과 사람의 관계에 대한
아름다운 꿈과 상상을 현실로 만드는 일이 조경
설계라고 믿고, 이를 사회적으로 실천하는 일을
중요시 여긴다. 현재 서울시립대학교 조경학과
교수이자 스튜디오 테라 대표, 그리고 조경
플랫폼 공간 시대조경 일원으로 활동하고 있다.

김한배 hbkim@uos.ac.kr
서울시립대학교 조경학과와 서울대학교
환경대학원을 거쳐 모교에서 박사학위를 받았다.
조경미학, 현대조경론, 경관계획론 등을 가르치고
있다. 한국조경학회장과 한국경관학회장을
역임했다. 저서로는 『우리 도시의 얼굴
찾기』(1998, 태림문화사)와 『미술로 본 조경,
조경으로 본 도시』(2017, 도서출판 날마다)가
있고, 『보이지 않는 용산 보이는 용산』(2009,
도서출판 마티)외 10여권의 공저와 역저가 있다.
논문으로 "도시문학을 통해 본 서울도시경관의
인식"(2019) 외 60여 편이 있다.

서영애 youngaiseo@gmail.com
서울시립대학교 조경학과를 졸업하고
동대학원에서 "한국영화에 나타난 도시경관의
의미 해석"으로 석사학위를, 서울대학교에서
"역사도시경관으로서 서울 남산"으로
박사학위를 받았다. 기술사사무소 이수 소장으로

일하며, 연세대학교 겸임교수로 가르치며, 도시경관연구회 BoLA에서 연구하고 있다. 이론과 실천의 접점을 찾는 일에 몰두하는 중이다. 저서로『시네마 스케이프』(한숲, 2017)가 있다.

오충현 ecology@dongguk.edu
1992년 대학원 졸업 후 서울시 도시계획국에서 도시생태현황도 제작, 생태도시 계획 등의 업무를 수행하였고, 2004년 이후 동국대학교 바이오환경과학과에서 도시생태학 관련 강의 및 연구를 진행하고 있다. 국립공원위원회, 서울시 도시계획위원회, 생물권보전지역 한국위원회 등의 활동을 하고 있으며, 저서로는 『환경생태학』(라이프사이언스, 2012), 『산림과학개론』(향문사, 2014),『자연자원의 이해』(한국방송통신대, 2017) 등이 있다.

장혜정 hyejunc@clemson.edu
서울시립대학교 조경학과를 졸업한 후 조경기술사를 취득했고, 미국 미네소타대학교(University of Minnesota, Twincities, MN)에서 석사학위를, 노스캐롤라이나주립대학교(North Carolina State University, NC)에서 박사학위를 받았다. 그 후 미국 뉴멕시코대학교 (University of New Mexico, NM) 조경학과 교수를 거쳐, 현재 클렘슨대학교(Clemson University, SC) 조경학과 교수로 재직하고 있다. 조경미학, 환경윤리, 환경디자인 이론과 설계에 관심을 갖고 연구를 수행하고 있다.

최정민 jmchoi@scnu.ac.kr
순천대학교 조경학과 교수로, 설계 실천과 교육 사이의 간극을 고민 중이다. 대한주택공사에서 판교신도시 조경설계 총괄 등의 일을 했고, 동심원조경기술사사무소 소장으로 다양한 프로젝트와 설계공모에 참여했다. 제주 서귀포 혁신도시, 잠실 한강공원, 화성 동탄2신도시 시범단지 마스터플랜 등의 설계공모에 당선되었다. 조경비평 '봄' 동인으로 현실 조경 비평을 통해 조경 담론의 다양화에 기여하고 싶어 한다.

홍윤순 yshong@hknu.ac.kr
석사까지의 학업 후 조경 및 도시설계 실무에 몸담다가 불혹을 훌쩍 넘긴 나이에 박사학위를 취득하면서 교육자로서 제2의 삶을 살고 있다. 환경설계의 열쇠는 사이트 내부와 주변 맥락 상황에 있음을 믿고, 이를 간파해내기 위한 성찰에 관심을 둔다. 전통과 미래, 인간과 자연, 미학과 상징이 각기 분리되기보다 상통하고 융합될 때 시너지가 발휘됨을 주장하며, 교육과 연구, 그리고 실무에서의 실천적 방안의 모색, 나아가 제3의 길을 고민 중에 있다.

김연금(엮은이) geumii@empas.com
서울시립대학교 조경학과를 졸업했고 같은 학교에서 석사학위와 박사학위(조경 전공)를 받았다. 이후 1년 동안 영국 뉴캐슬대학교에서 박사 후 연구과정(post-doc.)을 가졌고 현재는 서울 약수동에서 '조경작업소 울'을 운영하고 있다. 저서로는『텍스트로 만나는 조경』(공저, 나무도시, 2007),『커뮤니티디자인을 하다』(공저, 나무도시, 2009),『텃밭정원 도시정원』(공저, 서울대학교출판문화원, 2012),『소통으로 장소 만들기』(한국학술정보, 2009),『우연한 풍경은 없다』(나무도시, 2011)가 있으며, 역서로는 『조경설계 키워드 52』(공역, 나무도시, 2011)가 있다.

1장. 조경학원론
- 마이클 로리 저, 최기수·진상철 역,
『조경학개론』, 명보문화사, 1993.
- 존 L. 모틀록 저, 박찬용·현중영 역,
『조경설계론』, 대우출판사, 1994.
- 아카사카 마코토 편, 전미경 외 역,『조경의
이해』, 기문당, 2010.

2장. 양식론
- 다치바나노 도시쓰나 저, 다케이 지로·마크 킨
주해, 김승윤 역,『사쿠데이키: 일본 정원의
미학』, 연암서가, 2012.
- 한국조경학회,『서양조경사』, 문운당, 2005.
- 허균,『한국의 정원, 선비가 거닐던 세계』,
다른세상, 2002.
- Academy Editions Group, *Landscape
Transformed*, London: Academy Editions,
1996.
- Ken Fieldhouse and Sheila Harvey,
Landscape Design: An International Survey,
London: Laurence King Publishing, 1992.
- Felice Frankel and Jory Johnson, *Modern
Landscape Architecture: Redefining the
Garden*, New York: Abbeville Press, 1991.
- Sutherland Lyall, *Designing the New
Landscape*, London: Thames & Hudson,
1991.
- Marc Treib, *Modern Landscape
Architecture: A Critical Review*, Cambridge,
Massachusetts: The MIT Press, 1993.
- Peter Walker and Melanie Simo, *Invisible
Gardens: The Search for Modernism in
the American Landscape*, Cambridge,
Massachusetts: The MIT Press, 1994.

3장. 조경구성론
- 강영조,『풍경에 다가서기』, 효형출판, 2003.
- 김현근·김아연, "도시공원 야간경관의 조성
과정과 실태 분석: 여의도공원을 중심으로",
『한국조경학회지』46(2), 2018.
- 이현택,『조경미학』, 태림문화사, 2003.
- 조경진, "헤르만 F. 폰 퓌클러무스카우의 풍경식
정원론의 형성과정과 의미에 관한 연구",
『한국전통조경학회지』32(3), 2014.
- 헤르만 F. 폰 퓌클러무스카우 저, 귄터 바우펠
편, 권영경 역,『풍경식 정원』, 나남. 2009.
- "Muskauer Park / Park Mużakowski",
UNESCO World Heritage Centre (https://
whc.unesco.org/en/list/1127/)
- "Signature Places: Great Parks we can
Learn From", Project for Public Spaces
(https://www.pps.org/article/six-parks-we-
can-all-learn-from)
- John O. Simonds, *Landscape Architecture:
A Manual of Site Planning and Design*, 3rd
Ed., New York: McGraw-Hill, 1998; 안동만
역,『조경학』, 3판, 보문당, 2008.

4장. 경관론
- 강홍빈, "시간 속에 살다, 역사도시
서울",『역사도시 서울, 어떻게 가꾸어
갈 것인가?』(심포지엄 자료집),
서울특별시·한국도시설계학회, 2011.
- 나카무라 요시오 저, 강영조 역,『풍경의 쾌락:
크리에이터, 풍경을 만들다』, 효형출판, 2007.
- 서영애, "남산 회현자락 설계 공모 출품작에
대한 역사도시경관적 분석",『한국조경학회지』
43(4), 2015.
- 서영애, "역사도시경관으로서 세종대로
(구)국세청 별관 부지 설계",『한국조경학회지』
44(1), 2016.
- 이규목,『도시와 상징』, 일지사, 1988.
- 이규목,『한국의 도시경관: 우리 도시의 모습, 그
변천·이론·전망』, 열화당, 2002.
- 이규목,『마음의 눈으로 세계의 도시를 보다』,
조경, 2007.

- 이규목,『삼국지 유적 읽다 가다 보다』, 숲길, 2012.
- 최성만,『발터 벤야민 기억의 정치학』, 도서출판 길, 2014.
- 황기원,『경관의 해석: 그 아름다움의 앎』, 서울대학교출판문화원, 2011.
- Ana Pereira Roders and Francesco Bandarin, *Reshaping Urban Conservation: The Historic Urban Landscape Approach in Action*, Springer, 2019.
- Jay Appleton, *The Experience of Landscape*, London: John Wiley and Sons, 1975.
- Gordon Cullen, *Townscape*, London: The Architectural Press, 1961.
- Francesco Bandarin and Ron van Oers, "Preface: A new approach to urban conservation," *The Historic Urban Landscape: Managing Heritage in an Urban Century*, Chichester: Willy-Blackwell, 2014.
- Spiro Kostof, *The City Assembled: The Elements of Urban Form Through History*, London: Thames and Hudson, 1992; 양윤재 역,『역사로 본 도시의 형태』, 공간사, 2011.
- Spiro Kostof, *The City Shaped: Urban Patterns and Meanings Through History*, London: Thames and Hudson, 1991; 양윤재 역,『역사로 본 도시의 모습』, 공간사, 2009.
- Kevin Lynch, *The Image of the City*, Cambridge, Massachusetts: The MIT Press, 1960.
- Camillo Sitte, *City Planning According to Artistic Principles*, New York: Random House, 1965(English); 1889(Austrian).
- Robert Venturi et al., *Learning from Las Vegas*, Cambridge, Massachusetts: The MIT Press, 1977.
- Paul Zucker, *Town and Square: From the Agora to the Village Green*, New York:

Columbia University Press, 1959.

5장. 조경계획론
- 존 자이셀 저, 조대성 역,『건축계획 연구방법론: 환경·형태 연구기법』, 정우문화사, 1987.
- 발터 벤야민 저, 조형준 역,『아케이드 프로젝트』, 새물결, 2005.
- 이명우,『조경계획』, 서울, 기문당, 2007.
- 임승빈·주신하,『조경계획·설계』, 보문당, 2002.
- 한국조경학회,『조경계획론』, 문운당, 2000.
- John. D. Hunt et al., *Tradition and Innovation in French Garden Art: Chapters of a New History*, University of Pennsylvania Press, 2002.

6장. 생태계획론
- 서울시정개발연구원,『도시생태 개념의 도시계획에의 적용을 위한 서울시 비오톱 현황조사 및 생태도시 조성지침 수립(2차년도)』, 서울특별시, 2001.
- 윌리엄 애시워스 저, 유동운 역,『자연의 경제: 생태학과 경제학의 만남』, 비봉출판사, 1998.
- 윤정섭,『도시계획』, 문운당, 1983.
- 임양재,『일반생태학』, 이우출판사, 1981.
- 잭 호키키안 저, 전대호·전광수 역,『무질서의 과학: 기술문명에 던지는 엔트로피의 경고』, 철학과현실사, 2004.
- 행정자치부, "월별 주민등록인구 현황", 2017.
- Ian McHarg, *Design with Nature*, Garden City, New York: Natural History Press, 1969.

7장. 환경심리론
- 일본건축학회 저, 배현미·김종하 역,『인간심리행태와 환경디자인』, 보문당, 2002.
- 임승빈,『환경심리와 인간행태: 친인간적 환경설계연구』, 보문당, 2007.
- J. 더글러스 포티어스 저, 송보영·최형식 역,『환경과 행태: 계획과 일상적인 도시생활』,

명보문화사, 1993.

· Abraham H. Maslow, *Toward a Psychology of Being*, New York: Van *Nostrand Reinhold*, 1968.

· Carolle Izard, Jerome Kagan, and Robert Zajonc, *Emotions, Cognition, and Behavior*, Cambridge: Cambridge University Press, 1984.

· Colin Marshall, "Pruitt-Igoe: The Troubled High-Rise that Came to Define Urban America," *The Guardian*, 2015, April 22.

· Gordon Cullen, *The Conscise Townscape*, London: Van Nostrand Reinhold Company, 1971.

· Jane Jacobs. *The Death and Life of Great American Cities*, New York: Random House, 1961.

· John Dewey, *Art as Experience*, New York: A Perigee Book, 1934.

· Kevin Lynch, *Good City Form*, Cambridge, MA: MIT Press, 1981.

· Kevin Lynch, *The Image of the City*, Cambridge, MA: MIT Press, 1960.

· Robert B. Zajonc, "Feeling and Thinking: Preferences Need No Inferences," *American Psychologists*, 35, no. 4, 1980.

· Robert B. Zajonc, "On the Primacy of Affect," *American Psychologists*, 39, no. 2, 1984.

· Robert Sommer, *Personal Space: The Behavioral Basis of Design*, Englewood Cliffs: Prentice-Hall, 1969.

· Thomas F. Saarinen, *Environmental Planning: Perception and Behavior*, Boston: Houghton Mifflin, 1976.

· William H. Whyte, *The Organization Man*, New York: Simon & Schuster, 1956.

· William H. Ittelson, *Environment and Cognition*, New York: Seminar Press, 1973, p.18.

· William H. Whyte, *The Social Life of Small Urban Spaces*, New York: Project for Public Spaces, 1980.

· Williman H. Whyte, *The Last Landscape, Garden City*, NY: Doubleday, 1967.

· Wolfgang Köhler, *Gestalt Psychology: An Introduction to New Concepts in Modern Psychology*, New York: Liveright Publishing, 1947.

· Landscape Performance Series (https://www.landscapeperformance.org/)

· Yi-Fu Tuan, *Topophilia*, New York: Columbia University Press, 1974.

8장. 전통조경론

· 권영걸,『공간디자인 16강』, 국제출판사, 2001.

· 김용정, "라이프니츠의 보편기호법 사상과 역(易)의 논리",『주역의 현대적 조명』, 범양사출판부, 1993.

· 김인곤,『초승달이 뜨면 여행을 떠나지 말라: 기(氣)가 과학인 이유 41가지』, 지식산업사, 1997.

· 도경화,『비판적 지역주의에 기초한 조경설계전략에 관한 연구』, 서울시립대학교 대학원 조경학과 석사학위논문, 2001.

· 맥스웰 길링험 라이언 저, 김선아 역,『아파트 테라피: 당신과, 당신 인생과, 당신 아파트를 치유해주는 8단계 힐링 홈 테라피』, 사이, 2013.

· 성종상,『조경설계에 있어서 '생태-문화' 통합적 접근에 관한 연구: 고산 윤선도 원림을 중심으로』, 서울대학교 환경대학원 조경학과 박사학위논문, 2003.

· 소현수,『전통 경관의 조영 원리에 대한 생태학적 해석』, 서울시립대학교 대학원 조경학과 박사학위논문, 2008.

· 이규목·이동화, "장소의 기에 관한 기초적 연구",

『대한건축학회논문집(계획계)』21(10), 2005.
- 이규목, "21세기 우리도시조경의 패러다임", 제1회 조경대상 및 심포지움 자료, 2001.
- 이규목, "내일을 위하여 - 1992년 세계조경가대회와 우리의 조경 문화", 월간 『환경과조경』, 통권 39호, 1991.
- 이규목, "도시환경에 대한 한국적 패러다임 시론", 『터전』3호, 1995.
- 이규목, "도시환경에서의 전통과 현실: 6개의 이중주", 월간 『공간』, 1988.
- 이규목, "인간과 환경의 관계에 관한 현상학적 접근 방법 연구", 『대한건축학회논문집』4(1), 1988.
- 이규목, "한국건축의 한국성에 대한 하나의 판정: 상보적 이원구조", 월간 『공간』, 1987.
- 이도원 외, 『한국의 전통생태학』, 사이언스북스, 2004.
- 이동화, 『기(氣)를 바탕으로 한 주거환경의 현대적 해석 - 양택풍수를 중심으로』, 서울시립대학교 대학원 조경학과 박사학위논문, 2006.
- 조경진·한소영, "역공간 개념으로 해석한 현대도시 공공공간의 혼성적 특성에 관한 연구", 『한국조경학회지』45(2), 2011.
- 조정동 저, 김경훈 역, 『양택삼요』, 자연과삶, 2003.
- 최정민, 『현대 조경에서의 한국성에 관한 연구』, 서울시립대학교 대학원 조경학과 박사학위논문, 2008.
- 최창조, 『한국의 풍수사상』, 민음사, 1984.
- 프리쵸프 카프라 저, 김용정 외 역, 『현대물리학과 동양사상』, 범양사출판부, 1989.
- 한국조경학회, "세계 속의 한국정원", 『조경정보지(Landscape Review)』24권, 2014.
- 홍윤순, "괘상 원리에 기초한 도시경관의 이원관계성 해석방법론", 『한국정원학회지』 20(3), 2002.
- 홍윤순, "괘상원리에 기초한 도심재개발 경관의 이원관계의 해석", 『한국조경학회지』30(5), 2002.
- 홍윤순, 『서울도심경관의 이원적 관계양상 해석 - 역(易)사유의 현대적 수용을 토대로』, 서울시립대학교 대학원 조경학과 박사학위논문, 2002.
- 丸山敏秋, 『気―論語からニューサイエンスまで』, 東京美術, 1986; 박희준 역, 『기란 무엇인가: 논어에서 신과학까지』, 정신세계사, 1997.
- Gill Hale, The Practical Encyclopedia of Feng Shui, London: Hermes House, 2002.
- Jes T. Y. Lim, Feng Shui and Your Health: A Guide to High Vitality, Singapore: Times Books International, 1997; 2001.
- Henry B. Lin, The Art & Science of Feng Shui: The Ancient Chinese Tradition of Shaping Fate, St. Paul, Minnesota: Llewellyn Publications, 2000.
- Mark D. Marfori, Feng Shui: Discover Money, Health and Love, Kuala Lumpur: Eastern Dragon Press, 1994.
- Christian Norberg-Schulz, Genius Loci: Towards a Phenomenology of Architecture, London: Academy Editions, 1979.
- Kim A. O'Connell, "The Harmony of Spaces," Landscape Architecture Magazine, Vol.89, No.9, September 1999.
- Steven Post, The Modern Book of Feng Shui: Vitality and Harmony for the Home and Office, New York: A Byron Preiss Book, 1998.